essentials

Essentials liefern aktuelles Wissen in konzentrierter Form. Die Essenz dessen, worauf es als „State-of-the-Art" in der gegenwärtigen Fachdiskussion oder in der Praxis ankommt. *Essentials* informieren schnell, unkompliziert und verständlich

- als Einführung in ein aktuelles Thema aus Ihrem Fachgebiet
- als Einstieg in ein für Sie noch unbekanntes Themenfeld
- als Einblick, um zum Thema mitreden zu können

Die Bücher in elektronischer und gedruckter Form bringen das Fachwissen von Springerautor*innen kompakt zur Darstellung. Sie sind besonders für die Nutzung als eBook auf Tablet-PCs, eBook-Readern und Smartphones geeignet. *Essentials* sind Wissensbausteine aus den Wirtschafts-, Sozial- und Geisteswissenschaften, aus Technik und Naturwissenschaften sowie aus Medizin, Psychologie und Gesundheitsberufen. Von renommierten Autor*innen aller Springer-Verlagsmarken.

Karsten Müller

Die Thermodynamik des Gin Tonic

Karsten Müller
Lehrstuhl für Technische Thermodynamik
Universität Rostock
Rostock, Deutschland

ISSN 2197-6708   ISSN 2197-6716 (electronic)
essentials
ISBN 978-3-662-71367-9   ISBN 978-3-662-71368-6 (eBook)
https://doi.org/10.1007/978-3-662-71368-6

Die Deutsche Nationalbibliothek verzeichnet diese Publikation in der Deutschen Nationalbibliografie; detaillierte bibliografische Daten sind im Internet über https://portal.dnb.de abrufbar.

© Der/die Herausgeber bzw. der/die Autor(en), exklusiv lizenziert an Springer-Verlag GmbH, DE, ein Teil von Springer Nature 2025

Das Werk einschließlich aller seiner Teile ist urheberrechtlich geschützt. Jede Verwertung, die nicht ausdrücklich vom Urheberrechtsgesetz zugelassen ist, bedarf der vorherigen Zustimmung des Verlags. Das gilt insbesondere für Vervielfältigungen, Bearbeitungen, Übersetzungen, Mikroverfilmungen und die Einspeicherung und Verarbeitung in elektronischen Systemen.
Die Wiedergabe von allgemein beschreibenden Bezeichnungen, Marken, Unternehmensnamen etc. in diesem Werk bedeutet nicht, dass diese frei durch jede Person benutzt werden dürfen. Die Berechtigung zur Benutzung unterliegt, auch ohne gesonderten Hinweis hierzu, den Regeln des Markenrechts. Die Rechte des/der jeweiligen Zeicheninhaber*in sind zu beachten.
Der Verlag, die Autor*innen und die Herausgeber*innen gehen davon aus, dass die Angaben und Informationen in diesem Werk zum Zeitpunkt der Veröffentlichung vollständig und korrekt sind. Weder der Verlag noch die Autor*innen oder die Herausgeber*innen übernehmen, ausdrücklich oder implizit, Gewähr für den Inhalt des Werkes, etwaige Fehler oder Äußerungen. Der Verlag bleibt im Hinblick auf geografische Zuordnungen und Gebietsbezeichnungen in veröffentlichten Karten und Institutionsadressen neutral.

Springer Spektrum ist ein Imprint der eingetragenen Gesellschaft Springer-Verlag GmbH, DE und ist ein Teil von Springer Nature.
Die Anschrift der Gesellschaft ist: Heidelberger Platz 3, 14197 Berlin, Germany

Wenn Sie dieses Produkt entsorgen, geben Sie das Papier bitte zum Recycling.

Was Sie in diesem *Essential* finden können

- Eine Einführung in die Thermodynamik anhand eines beliebten Cocktails
- Beschreibung der molekularen und thermischen Vorgänge bei der Herstellung
- Erklärungen für Effekte bei Herstellung und Genuss des Drinks
- Vorstellung wichtiger Grundlagen der Verfahrenstechnik

Vorwort: Die Thermodynamik des Gin Tonic

Ursprünglich war Tonic Water kein Getränk, das Genuss erzeugen sollte, sondern ein Medizinprodukt. Als Extrakt von Chinarindenbäumen diente Tonic Water vor allem bei der britischen Kolonialarmee als Mittel zur Malariaprophylaxe. Was eigentlich als widerlich-bitteres Gebräu startete, entwickelte sich im Laufe der Zeit allerdings zu einem beliebten Getränk. Das lag nicht daran, dass bei den Leuten irgendwann eine Vorliebe für besonders bittere Tränke aufgekommen wäre, sondern daran, dass man begann die Zusammensetzung zu variieren. Zum einen sank der Chiningehalt teilweise bis unter das zur Malariaprophylaxe notwendige Niveau. Zum anderen begann man verschiedene andere Zutaten dazuzugeben. Neben Zucker, Soda (damit es schön blubbert), Zitrusaromen und verschiedenen Gewürzen begann man im 19. Jahrhundert zusätzlich Gin in die Gläser zu füllen. Der Gin Tonic war geboren.

Heutzutage steht eine große Auswahl, sowohl an Gins als auch an Tonic Watern, zur Auswahl. Das kann man aber nicht nur kaufen. Beide Bestandteile lassen sich auch durchaus selbst zuhause herstellen. Im Fall von alkoholhaltigem Gin sollte man dabei natürlich die steuerrechtlichen Randbedingungen beachten, damit man keine Branntweinsteuer hinterzieht. Nicht nur aus diesem Grund lohnt es sich auch einmal über alkoholfreie GinAlternativen nachzudenken. Wie wir gleich sehen werden, ist es mit verhältnismäßig geringem Aufwand möglich, ein sehr gutes, alkoholfreies Destillat mit starker Wacholdernote zu erhalten, mit dem sich Tonic Water verfeinern lässt.

Bei der Herstellung sowohl von Gin als auch von Tonic Water spielt die Thermodynamik eine entscheidende Rolle. Die Thermodynamik ist vor allem als Grundlagenfach der Energietechnik bekannt. Diese Zuordnung ist absolut richtig, aber die Thermodynamik ist daneben auch die Grundlage vieler anderer Wissenschaftsdisziplinen wie der Chemie oder der Verfahrenstechnik. Dieses Büchlein will anhand einiger Aspekte bei der Herstellung von Gin Tonic wichtige Grundlagen der Thermodynamik sowie der Wärme- und Stoffübertragung vorstellen und deren Verständnis fördern. Dabei soll es nicht in erster Linie um die mathematische Beschreibung thermodynamischer Funktionen gehen, auch wenn wir um ein paar Gleichungen nicht herumkommen werden. Im Fokus soll jedoch in erster Linie ein anschauliches Verständnis für die entsprechende Thermodynamik stehen.

Karsten Müller

Danksagung

Schließlich möchte ich vor allem noch einigen Leuten danken. Als erstes sei hier vor allem Dr. Sebastian Detlefsen erwähnt, mit dem zusammen viele, köstliche, alkoholfreie Gins entstanden sind. Ohne diesen Gin (und überhaupt die großartige Idee ihn selbst zu machen) hätte es dieses Buch nie gegeben,

Nicht vergessen werden sollen natürlich auch alle, die als Korrekturleser geholfen haben das Manuskript in eine publizierbare Form zu bringen (alle verbliebenen Fehler gehen allein auf mein Konto). Der diesbezügliche Dank gebührt Annika Brudna, Stefan Knipl, Dr. Christoph Krieger und Dorothea Müller.

Inhaltsverzeichnis

1 **Die Thermodynamik des Gins** 1
   1.1 Warum vergärt Zucker eigentlich? 2
   1.2 Warum destilliert es sich nicht ganz so einfach? 11
   1.3 Wie destilliert man richtig? 16

2 **Die Thermodynamik des Tonic Waters** 21
   2.1 Warum werden die Zutaten klein geschnitten? 22
   2.2 Warum wird die Mischung zum Kochen gebracht? 26
   2.3 Wie kommt die Kohlensäure ins Tonic Water? 30

3 **Die Thermodynamik der Eiswürfel** 35

4 **Epilog: Thermodynamik der Kulinarik** 41

Was Sie aus diesem *Essential* mitnehmen können 45

Über den Autor

Karsten Müller Prof. Dr.-Ing. habil. Karsten Müller, Lehrstuhl für Technische Thermodynamik, Albert-Einstein-Straße 2, 18059 Rostock
E-Mail: karsten.mueller@uni-rostock.de,
Institutshomepage: https://www.ltt.uni-rostock.de/

Die Thermodynamik des Gins 1

Ein einfacher alkoholfreier Gin, der sich etwa im Verhältnis eins zu zwei mit Tonic Water mischen lässt, kann mit Wasser, Wacholder und ein paar weiteren Zutaten gewonnen werden. Dazu nimmt man etwa 1 Liter Wasser und gibt 20 g gemörserte Wacholderbeeren hinzu. Zusätzlich bietet sich – je nach Geschmack – die Zugabe von wenigen Gramm Koriander, Lavendel, Kamillen- oder Holunderblüten, Hopfen, Orangenschalen oder Kardamom an. Sternanis oder Hagebutten haben sich dagegen nicht bewährt. Diese Mischung wird dann erhitzt und der Dampf anschließend kondensiert und aufgefangen. Wer keine richtige Destille hat, kann auch einfach mit einem großen Kochtopf improvisieren. Dazu wird eine kleinere Schüssel (idealerweise auf einem geeigneten Gestell) als Auffangbehälter in die Mitte des Topfes gestellt und der Deckel verkehrt herum auf den Topf gesetzt. Dadurch sammelt sich das Kondensat in der Mitte und tropft von dort in die Schüssel statt über die Wände herabzufließen. Um eine effektive Kondensation zu erreichen, empfiehlt es sich auf den umgedrehten Deckel Eiswürfel zu legen. Auf diese Art ergibt sich keine besonders effiziente Destillationsapparatur, aber um es einmal schnell (ohne große Kosten) auszuprobieren reicht es völlig aus. Das Ergebnis ist ein stark duftendes Wasser. Einen nennenswerten Geschmack weist das Destillat nicht auf. Allerdings ist Geschmackswahrnehmung stark mit Geruch gekoppelt. Zusammen mit Tonic Water lässt sich das zu einem köstlichen Drink abstimmen.

© Der/die Autor(en), exklusiv lizenziert an Springer-Verlag GmbH, DE, ein Teil von Springer Nature 2025
K. Müller, *Die Thermodynamik des Gin Tonic*, essentials,
https://doi.org/10.1007/978-3-662-71368-6_1

Wollte man hingegen einen alkoholischen Gin herstellen, dann würde das nicht mehr so einfach funktionieren. Die Ursache dafür und auch die praktische Lösung ergibt sich aus der Mischphasenthermodynamik. Hierzu gilt es erst einmal einige Grundlagen des Phasengleichgewichts zu verstehen. Vorher sollte aber zunächst geklärt werden, warum der Alkohol überhaupt entstehen kann. Wieso ist es der Hefe thermodynamisch überhaupt möglich Zucker in Alkohol umzuwandeln? Und was veranlasst sie eigentlich dazu, den Aufwand für diese Umwandlung zu treiben?

1.1 Warum vergärt Zucker eigentlich?

Der Ausgangspunkt jeder Destillation von Spirituosen ist eine Fermentation. Dabei setzen Mikroorganismen (z. B. Hefen) Kohlenhydrate unter Luftausschluss zu Kohlenstoffdioxid und dem Ethanol genannten „Ethyl-Alkohol" um. Will man einen Kuchen backen, dann ist das Kohlenstoffdioxid das Zielprodukt. Das Gas erzeugt und füllt kleine Poren im Teig und macht ihn so schön locker. Will man ein alkoholisches Getränk erzeugen, dann ist natürlich der Alkohol das Zielprodukt.

Die Gärung selbst ist eine chemische Reaktion. Sie ist biologisch kontrolliert, doch letztlich ist es einfach eine chemische Reaktion. Katalysatoren, die in der Biologie Enzyme genannt werden, machen die Reaktion – anders als oft falsch verstanden – nicht möglich. Die Reaktion muss thermodynamisch auch ohne Katalysator möglich sein. Eine Reaktion, die ohne Katalysator nicht möglich ist, wird auch mit Katalysator nicht möglich. Er macht den Vorgang nur schneller als es ohne Katalysator der Fall wäre. Möglicherweise ist sie sonst sogar so langsam, dass es Jahrtausende dauert bis die Reaktion abgelaufen ist. Physikalisch muss die Reaktion aber möglich sein. Dazu braucht es die Thermodynamik. Doch was hat es mit dieser thermodynamischen Möglichkeit der Reaktion eigentlich auf sich?

Die Gärung läuft in mehreren Einzelschritten ab. Grundsätzlich lässt sich der Gesamtvorgang jedoch auf dieses Reaktionsschema eingrenzen:

$$\text{Traubenzucker} \rightarrow 2\ \text{Ethanol} + 2\ \text{Kohlenstoffdioxid}.$$

Aus einem Traubenzuckermolekül werden je zwei Moleküle Ethanol und Kohlenstoffdioxid. Wird statt Traubenzucker ein anderer Zucker eingesetzt, ändern sich gegebenenfalls die Zahlenwerte, das Schema bleibt aber das gleiche. Genauso gut ließe sich die Gleichung allerdings auch andersherum schreiben:

1.1 Warum vergärt Zucker eigentlich?

2 Ethanol + 2 Kohlenstoffdioxid → Traubenzucker.

Alkohol könnte sich doch eigentlich genauso gut mit Kohlenstoffdioxid verbinden und Zucker bilden. Was steuert also die Richtung, in welche die Reaktion läuft? Der Katalysator ist es jedenfalls nicht. Egal wie Gentechniker die entsprechenden Enzyme modifizieren mögen, die Reaktionsrichtung wird immer die gleiche bleiben. Zucker wird zu Ethanol und Kohlenstoffdioxid, nicht anders herum. Das liegt an der Thermodynamik.

Um das zu verstehen ist es hilfreich einmal das Konzept der Gibbs-Energie (auch *Freie Enthalpie* genannt) zu betrachten. Thermodynamisch ist ein Vorgang dann möglich, wenn dabei die Gibbs-Energie sinkt. Vom Prinzip her kann jeder Vorgang in zwei Richtungen ablaufen. Zucker könnte zu Alkohol und Kohlenstoffdioxid werden oder die beiden Stoffe könnten wieder zu Zucker werden. Das Vorzeichen der Änderung der Gibbs-Energie, die bei einem Vorgang auftritt, dreht sich beim Rückweg gegenüber dem Hinweg um. Ist der Hinweg thermodynamisch möglich, dann sinkt dabei die Gibbs-Energie; die Änderung der Gibbs-Energie ist also negativ. Im Umkehrschluss bedeutet das, dass der Rückweg thermodynamisch bei diesen Bedingungen nicht möglich ist. Die Gibbs-Energie stiege also an; ihre Änderung wäre positiv.

Besagte Gibbs-Energie G setzt sich aus zwei Beiträgen zusammen: Der Enthalpie H und der Entropie S. Berechnen lässt sie sich mit dieser Gleichung:

$$G = H - T \cdot S$$

T bezeichnet dabei die Temperatur in der Einheit Kelvin (nicht in Grad Celsius). Wird das Ganze als Änderung der jeweiligen Größen ausgedrückt, dann schreibt es sich entsprechend als

$$\Delta G = \Delta H - T \cdot \Delta S$$

ΔG ist die Änderung der Gibbs-Energie, beispielsweise beim Ablaufen der chemischen Reaktion. ΔH ist die Änderung der Enthalpie dabei (in diesem Zusammenhang auch bekannt als Reaktionsenthalpie) und ΔS ist die Änderung der Entropie (hier: „Reaktionsentropie"). Was hat es nun aber mit Enthalpie H und Entropie S auf sich?

Damit ein chemischer Vorgang wie die Gärung ablaufen kann, müssen die Änderungen in Enthalpie H und Entropie S so zusammenspielen, dass die sich daraus ergebende Änderung der Gibbs-Energie G negativ ist. Die Enthalpie H lässt sich als der Energieinhalt der Stoffe vorstellen. Der Ausgangsstoff, der

Edukt genannt wird, und in diesem Fall Zucker ist, hatte eine gewisse Energie und die daraus gebildeten Produkte Ethanol und Kohlenstoffdioxid besitzen ebenfalls einen gewissen Energieinhalt. Die Differenz zwischen den Energieniveaus der Edukte und Produkte entspricht der Wärmemenge, die von der Reaktion freigesetzt wird beziehungsweise ihr zugeführt werden muss. Über diese Reaktionsenthalpie, ihre Messung und damit zusammenhängende Effekte ließen sich jetzt zahllose Seiten, wenn nicht Bücher, schreiben[1]. Wir wollen es jetzt aber dabei bewenden lassen und uns vor allem die Zweite der beiden Größen ansehen: Die Entropie S.

Mit dieser Entropie ist es leider dann doch erstmal etwas komplizierter als mit der Enthalpie. Versuchen wir es trotzdem, denn so schwer ist es doch nicht.

Die Entropie ist eine Größe, die von ihrem Entdecker Rudolf Clausius 1865 eingeführt wurde, und etwas schwer zu fassen ist. Grob vereinfacht ist sie ein Maß für die Unordnung der Moleküle. Das war Clausius noch gar nicht bewusst. Für ihn war die Entropie erstmal nur eine fiktive Größe, die es erlaubte den maximalen Wirkungsgrad von Maschinen zu beschreiben, die Wärme in mechanische Arbeit umwandeln. Er definierte sie einfach, indem er erklärte, dass bei einer reversiblen Wärmeübertragung der übertragene Entropiestrom gleich dem Wärmestrom dividiert durch die Temperatur ist. Daraus ergab sich zunächst keine tiefergehende physikalische Interpretation. Die Entropie wurde einfach nur als Rechengröße verwendet. Auf die Sache mit der Unordnung kam erst ein paar Jahre später ein Österreicher namens Ludwig Boltzmann. Genaugenommen geht es bei der Entropie eigentlich gar nicht um die Unordnung, sondern um die Zahl der Mikrozustände, durch die sich ein Makrozustand mittels unterschiedlicher Anordnung der Moleküle realisieren lässt. Es so zu beschreiben macht die Sache jetzt aber unnötig kompliziert, weswegen wir bei der verbreiteten Erklärung mit der Unordnung bleiben wollen.

Sehen wir uns dazu einmal die beiden Zustände (vor und nach der Reaktion) an. Vor der Reaktion haben wir Zucker, beispielsweise Traubenzucker, gelöst in Wasser. Das Wasser ignorieren wir an dieser Stelle einfach, da es bei der Reaktion unverändert bleibt. Es ändert sich nur, was im Wasser gelöst ist. Damit liegt zu Beginn der Gärungsreaktion eigentlich nur der Traubenzucker vor. Durch die wässrige Lösung befinden sich die einzelnen Zuckermoleküle nicht in einem Kristall, in dem jedes Molekül seinen festen Platz hat (und lediglich thermisch

---

[1] Wenn es genauer interessiert, der sei beispielsweise verwiesen auf Sarge, Stefan Mathias, Günther WH Höhne, Wolfgang Hemminger. „Calorimetry: fundamentals, instrumentation and applications", 2014, ISBN-13 978-3527327614 oder Einführungsbücher zur Chemie.

1.1 Warum vergärt Zucker eigentlich?

ein bisschen um diesen Platz schwingt); stattdessen können sich die Zuckermoleküle nun einigermaßen frei in der flüssigen Lösung bewegen. Sie besitzen also keine festen, klar definierten Aufenthaltspositionen und auch ihre Bewegungsrichtungen sind stark unterschiedlich und statistisch verteilt. Der Zustand ist auf den ersten Blick nicht besonders geordnet. Der Zucker besitzt also bereits eine gewisse Entropie.

Während der Gärung wird aus dem Traubenzucker nun Ethanol und Kohlenstoffdioxid. Genaugenommen entstehen aus jedem Traubenzuckermolekül zwei Ethanolmoleküle und zwei Kohlenstoffdioxidmoleküle. Die Ethanolmoleküle bleiben im Wesentlichen in der wässrigen Lösung. Sie können sich damit – ganz grob vereinfacht gesprochen – mehr oder minder so frei oder unfrei bewegen, wie es die Zuckermoleküle zuvor konnten. Damit hat sich an dieser Stelle auf den ersten Blick nichts an der Entropie geändert. Allerdings sind es nun zwei Moleküle, die in der Flüssigphase herumschwimmen. Diese zwei Moleküle können jetzt nicht nur einen, sondern zwei mehr oder minder zufällige Orte innerhalb der Flüssigkeit einnehmen. Und sie können sich, anders als das einzelne Ursprungsmolekül, zu einem gegebenen Zeitpunkt nicht nur in eine Richtung bewegen, sondern in zwei verschiedene. Dadurch nimmt die Entropie schon mal ein ganzes Stück zu.[2] Damit aber noch nicht genug. Es entstehen schließlich auch noch zwei Moleküle Kohlenstoffdioxid. Diese tragen nochmal deutlich stärker zur Entropie bei, denn sie gehen zum Großteil in die Gasphase über. In einem Gas können sich die Moleküle nochmal deutlich freier bewegen als in einer Flüssigkeit. Da die Dichte der Moleküle viel kleiner ist, gibt es weniger Orte, die durch andere Moleküle belegt sind. Den Molekülen in einem Gas stehen also viel mehr Orte zur Verfügung an denen sie sich aufhalten können. Es ist schließlich viel mehr Freiraum zwischen den Molekülen vorhanden. Außerdem können sich die Moleküle in der Gasphase nochmal deutlich freier bewegen als in der Flüssigphase. Es ist schließlich kaum ein anderes Molekül da, das ihre Bewegung behindert. Es gibt damit viel mehr Mikrozustände, die einem Makrozustand zugeordnet sein können. Oder etwas laienhafter ausgedrückt: Die Moleküle fliegen noch viel chaotischer durcheinander als sie das in der Flüssigphase täten.

Vergleichen wir nun Ausgangs- und Endzustand der Gärung. Anfangs hatten wir ein Molekül, das sich in der Flüssigphase eingeschränkt frei bewegen konnte.

---

[2] Bei genauer Betrachtung ist es so, dass sich das deutlich größere Zuckermolekül deutlich mehr verformen konnte als die kleinen Ethanolmoleküle. Diese unterschiedlichen Formen des Moleküls, Konformere genannt, tragen ebenfalls zu Entropie bei. Grob vereinfacht ließe sich deshalb sagen, dass Zuckermoleküle mehr Entropie haben als die gleiche Anzahl an Ethanolmolekülen. Das kompensiert aber noch nicht die Verdoppelung der Molekülzahl.

Zum Schluss haben wir zwei Moleküle, die sich eingeschränkt frei bewegen können, und zwei Moleküle, die sich fast völlig frei bewegen können. Aus einem relativ geordneten Zustand mit wenig Unordnung wurde ein ziemlich chaotischer Zustand mit viel Unordnung. Die Entropie ist also stark gestiegen.

Nun zurück zur Gleichung für die Änderung der Gibbs-Energie ΔG. Die Entropie kam darin im zweiten Term vor:

$$\Delta G = \Delta H - T \cdot \Delta S$$

Da die absolute Temperatur T vom absoluten Nullpunkt ausgehend gerechnet wird, ist sie immer positiv (darum die Einheit Kelvin und nicht Grad Celsius). Nimmt die Entropie zu, wie im Fall unserer alkoholischen Gärung, so ist die Änderung der Entropie ΔS positiv. Multipliziert mit einer zwangsläufig positiven Temperatur ergibt sich wieder ein positives Produkt, vor dem in der Gleichung nun ein Minus steht. Bei einer positiven Entropieänderung ergibt sich damit ein negativer Beitrag zur Änderung der Gibbs-Energie. Vorhin hatten wir bereits festgestellt, dass ein Vorgang dann thermodynamisch möglich ist, wenn die Gibbs-Energie dabei sinkt. Genau das ist hier der Fall, und deswegen ist die Gärung möglich. Die Enzyme der Hefe machen den Weg für diese Reaktion frei. Die grundsätzliche Möglichkeit der Gärung ergibt sich allerdings nicht aus der Biokatalyse durch die Enzyme, sondern einzig und allein daraus, dass die Gibbs-Energie wegen der starken Entropiezunahme sinkt.

> **Exkurs: Die Gleichgewichtskonstante**
> *Bisher waren wir in der Diskussion bei den Begriffen etwas ungenau. Wir hatten festgestellt, dass ein Vorgang wie eine chemische Reaktion nur ablaufen kann, wenn die Gibbs-Energie dabei abnimmt. Die Änderung der Gibbs-Energie muss also negativ sein. Bei der Änderung der Enthalpie und der Entropie hatten wir zusätzlich noch die Begriffe Reaktionsenthalpie beziehungsweise Reaktionsentropie verwendet. Für die Gibbs-Energie lässt sich analog eine „Reaktions-Gibbs-Energie" angeben, die der Differenz aus den Gibbs-Energien der Edukte und Produkte entspricht (beziehungsweise sich mit obiger Gleichung aus Reaktionsenthalpie und –entropie berechnen lässt). Genau hier liegt eine gefährliche Falle. Ein häufiges Missverständnis lautet, dass eine Reaktion dann möglich wäre, wenn die „Reaktions-Gibbs-Energie" negativ ist. Wenn sie positiv ist, dann sei die Reaktion unmöglich. Tatsächlich*

1.1 Warum vergärt Zucker eigentlich?

ist das so nicht richtig. Die Reaktions-Gibbs-Energie ΔG_R bestimmt zunächst einmal nur die Gleichgewichtskonstante.

Beginnt eine Reaktion, dann bilden sich Produktmoleküle. Aus reinen Edukten wird quasi eine Mischung aus Edukten und Produkten. Da Mischungen eine größere Entropie haben als Reinstoffe und die Entropie S negativ in die Gibbs-Energie G eingeht, sinkt G; selbst wenn die Gibbs-Energie der reinen Edukte niedriger ist als die Gibbs-Energie der reinen Produkte (ΔG_R wäre positiv). Obwohl es also eigentlich zu einem – thermodynamisch unmöglichen – Anstieg der Gibbs-Energie kommen sollte, sinkt die Gibbs-Energie zunächst wegen des Mischungseffekts bei der Entropie.

Ganz zum Schluss der Reaktion würden die letzten Reste des Edukts in Produkt umgewandelt. Aus einer Mischung würde damit – grob gesagt – wieder ein Reinstoff. Dabei sänke die Entropie natürlich drastisch ab, weswegen die Gibbs-Energie stiege. Selbst wenn die Gibbs-Energie der reinen Produkte unter der der reinen Edukte liegt (ΔG_R also negativ ist), stiege ganz am Schluss der Reaktion die Gibbs-Energie wieder an. Das ist unmöglich. Deswegen kann die Reaktion nicht vollständig ablaufen. Sie kommt zum Stehen. Der Punkt, an dem es mit der Reaktion nicht mehr weiter geht, wird Gleichgewicht genannt.

Abb. 1.1 visualisiert das a) für einen Fall, bei dem die Gibbs-Energie der Edukte größer ist als die der Produkte (ΔG_R ist also negativ), und b) für einen Fall, bei dem die Gibbs-Energie der Edukte kleiner ist als die der Produkte (ΔG_R ist also positiv). In beiden Fällen sinkt die Gibbs-Energie am Anfang zunächst ab, weswegen die Reaktion zunächst einmal ablaufen kann. Sie kommt aber früher oder später zum Stillstand, weil das System ins Gleichgewicht gerät. Ist ΔG_R stark negativ, dann wird das Gleichgewicht erst recht spät erreicht („das Gleichgewicht liegt weit auf der Seite der Produkte"). Ist ΔG_R stark positiv, dann wird das Gleichgewicht schon recht früh erreicht („das Gleichgewicht liegt weit auf der Seite der Edukte"). Die genaue Gleichgewichtslage lässt sich bei Kenntnis der Reaktions-Gibbs-Energie berechnen, da man aus dieser die Gleichgewichtskonstante berechnen kann.[3]

---

[3] Zur Berechnung der exakten Gleichgewichtslage braucht es gegebenenfalls noch etwas mehr Informationen. Im Fall der Gärung wird das Reaktionsgleichgewicht beispielsweise durch ein Phasengleichgewicht überlagert (den Begriff werden wir später noch kennenlernen). Edukte und Produkte verteilen sich über Dampf- und Flüssigphase, wobei die Verteilung für die einzelnen Stoffe unterschiedlich ist. Dieses Phasengleichgewicht ist mit dem

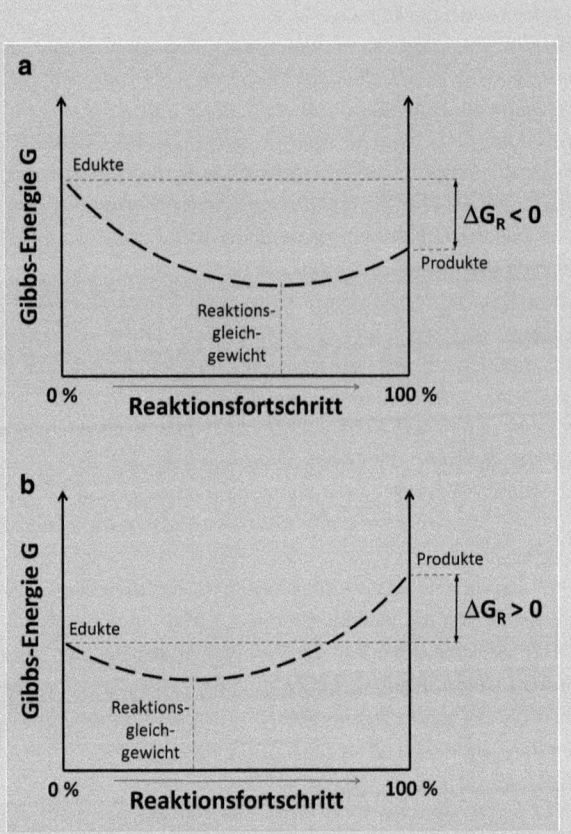

Abb. 1.1 Verlauf der Gibbs-Energie bei Ablauf einer Reaktion **a)** mit negativer Reaktions-Gibbs-Energie ΔG_R und **b)** mit positiver Reaktions-Gibbs-Energie ΔG_R

Das Beschriebene gilt auch für die Gärung. Ihre Reaktions-Gibbs-Energie ΔG_R ist zwar klar negativ. Trotzdem ist auch hier strenggenommen keine vollständige Reaktion möglich. Selbst die Knallgasreaktion, bei der Wasserstoff

---

Reaktionsgleichgewicht gekoppelt und kann seine Lage unter Umständen stark beeinflussen. Deswegen erlaubt die Gleichgewichtskonstante allein noch keine vollständige Aussage über die Lage des Reaktionsgleichgewichts.

1.1 Warum vergärt Zucker eigentlich?

und Sauerstoff schlagartig „vollständig" zu Wasser reagieren, ist strenggenommen durch das Gleichgewicht beschränkt. In der Praxis wirkt sich das kaum aus, da die Gleichgewichtslage in diesem Fall sehr weit auf der Seite der Produkte liegt. Bei genauer Betrachtung ist aber eben doch nur eine unvollständige Reaktion möglich. Daran ändert auch kein Katalysator etwas oder die Auffassung, dass die Rückreaktion vielleicht gar nicht möglich sein sollte. Das Reaktionsgleichgewicht ist eine Konsequenz der Thermodynamik an der kein Weg vorbeiführt. Das Gleichgewicht selbst beschreibt den Zustand, wenn die Reaktion gegebenenfalls unendlich lange Zeit hat.

Genauso wie die Gärung thermodynamisch möglich ist, ist auch die – aus verschiedenen Gründen sogar deutlich günstigere – Atmung möglich. Dabei handelt es sich chemisch um eine Totaloxidation. Der Zucker wird vollständig oxidiert bis nur noch Wasser und Kohlenstoffdioxid übrigbleibt. Die Rückreaktion ist eigentlich nicht möglich. Eigentlich! Bekanntlich tun Pflanzen in der Photosynthese jedoch genau das. Und zwar nicht nur in winzigem Umfang, bis das Gleichgewicht erreicht ist, sondern in großem Umfang, sodass sie in der Lage sind nicht nur sich selbst, sondern auch den gesamten restlichen Planeten zu ernähren. Wie kann das sein? Gelten die Hauptsätze der Thermodynamik hier nicht?

Natürlich unterliegt auch die Photosynthese den Gesetzen der Thermodynamik. Der – Chlorophyll genannte – Katalysator beseitigt die thermodynamische Unmöglichkeit auch hier nicht. Wie sollte er auch? Es ist ja schließlich nur ein Katalysator und kann die Thermodynamik nicht ändern. Was er allerdings kann, ist Licht in den chemischen Prozess einzukoppeln und seine Energie damit als „Antriebskraft" für eine ansonsten unmögliche Reaktion[4] zu nutzen. Aus einem ganz ähnlichen Grund betreiben die Hefen die Gärungsreaktion (beziehungsweise atmen wir Menschen). Es geht darum, wichtige Vorgänge möglich zu machen, die ansonsten thermodynamisch unmöglich wären.

Gärung und Atmung laufen biochemisch nicht allein ab. Der Zucker wird nicht einfach nur – wie oben beschrieben – in Kohlenstoffdioxid und Ethanol (beziehungsweise Wasser bei der Atmung) umgewandelt. Dann wäre sie biologisch ziemlich nutzlos. Die Reaktion ist an eine zweite Reaktion gekoppelt: Die Umwandlung von Adenosindiphosphat (ADP) in Adenosintriphosphat (ATP). Die alkoholische Gärung hat damit vollständig diese Reaktionsgleichung:

---

[4] Um genau zu sein ist, wie oben festgestellt, keine Reaktion völlig unmöglich. Allerdings liegt das Gleichgewicht im Einzelfall soweit auf der Seite der Edukte, dass ihr Ablauf hinten und vorne nicht ausreicht. Hier braucht es dann die zusätzliche Triebkraft.

Traubenzucker + 2 ADP + 2 Phosphat → 2 Ethanol + 2 Kohlenstoffdioxid + 2 ATP.

Die Hefezelle nutzt die Gärung, um an ein Adenosinmolekül, an dem schon zwei Phosphate hängen, noch ein drittes Phosphat zu hängen. Das klingt erstmal ziemlich nutzlos, ist aber ein Schlüssel zur Thermodynamik des Lebens. Denn die Reaktion des Bindens eines weiteren Phosphats an ADP, sodass ATP entsteht, ist thermodynamisch hochgradig ungünstig. Die Reaktions-Gibbs-Energie ist hoch. Sie ist also stark positiv und damit für sich genommen eigentlich fast unmöglich. Im Umkehrschluss bedeutet das, dass die Umkehrreaktion, nämlich die Abspaltung von Phosphat vom ATP, thermodynamisch enorm günstig ist. Die Reaktions-Gibbs-Energie ist stark negativ (um genau zu sein, genauso negativ wie es bei der Hinreaktion positiv war; das Vorzeichen hat sich einfach umgedreht). Damit ist die thermodynamische Triebkraft für die Abspaltung von Phosphat von ATP sehr groß. Die Reaktion läuft quasi von selbst. Aber noch mehr als das! Sie läuft sogar so gut, dass sie andere Reaktionen quasi „mitnehmen" kann.

Ein solches „Mitnehmen" einer thermodynamisch ungünstigen Reaktion durch eine thermodynamisch günstige Reaktion geschieht bei der Gärung (und in noch viel größerem Umfang bei der Atmung). Die thermodynamisch eigentlich nicht realisierbare Umwandlung des ADPs in ATP wird durch die thermodynamisch günstige Gärungsreaktion gewissermaßen mitgezogen. Die thermodynamische Triebkraft der Gärung mit – wie bereits festgestellt – sehr stark negativer Reaktions-Gibbs-Energie ist so groß, dass sie das „Defizit" der ADP-Umwandlung überkompensiert. Die Reaktions-Gibbs-Energie der Gesamtreaktion ist nicht mehr ganz so stark negativ, wie es bei der reinen Umwandlung von Zucker in Alkohol und Kohlenstoffdioxid der Fall wäre. Unter dem Strich bleibt aber immer noch so viel thermodynamische Triebkraft, dass die Gesamtreaktion funktioniert. Damit stellt sich nur noch die Frage: Was hat die Hefezelle eigentlich davon?

Die Zelle macht das nicht, weil ATP so schön aussähe oder sie Phosphat entsorgen müsste. Sie tut es, um vom ATP wieder Phosphat abzuspalten und dabei ADP zurückzugewinnen. Was auf den ersten Blick nach einem ziemlich sinnlosen Beispiel für eine Kreislaufwirtschaft klingt, ermöglicht letztlich erst biologisches Leben. Die Abspaltung des Phosphats vom ATP weist schließlich eine deutlich negative Reaktions-Gibbs-Energie auf. Sie hat also eine große thermodynamische Triebkraft. Genau wie die thermodynamisch ungünstige ATP-Bildung an Gärung (beziehungsweise Atmung) gekoppelt war, lässt sich die Phosphatabspaltung vom ATP nun mit thermodynamisch ungünstigen Vorgängen koppeln.

Leben hängt ganz zentral davon ab, solche Vorgänge zu realisieren. Die Chemie will eigentlich immer nur ins Gleichgewicht kommen. Da ist schließlich die

Gibbs-Energie im Minimum. Den Vorgang des „Ins-Gleichgewicht-Gelangens" nennt die Biologie Verwesung. Leben dagegen bedeutet gegen das Gleichgewicht anzukämpfen. Grundsätzlich ließe die Thermodynamik eigentlich nur zu, dass alle komplexen Biomoleküle wie Proteine oder Nukleinsäuren in kleine Moleküle wie Wasser, Methan oder Kohlenstoffdioxid zerfallen. Genau das geschieht dann auch beim Verwesen. Um zu leben, müssen die Zellen permanent komplexe Moleküle aufbauen. Genau diesem Vorgang steht aber die Entropie entgegen. Aus vielen kleinen Molekülen wenige große zu machen, würde letztlich Entropie vernichten. Darum sind die entsprechenden Reaktions-Gibbs-Energien sehr stark positiv. Um es doch zu realisieren, muss die Zelle diese Reaktionen mit einer Reaktion mit hoher thermodynamischer Triebkraft koppeln: Der Abspaltung von Phosphat von ATP. Dadurch werden – unter dem Strich – die Gesamtreaktionen aus Aufbau der komplexen Biomoleküle und ATP-Zersetzung thermodynamisch realisierbar. Gleiches gilt für verschiedene andere Vorgänge, die für sich eigentlich keine Triebkraft hätten, wie die Kontraktion von Muskeln.

Darum atmen Lebewesen. Und wenn sie keinen Sauerstoff haben (oder ihn nicht verarbeiten können), dann gären sie halt. Das ist der Grund, weswegen die Hefen für uns den ersten Schritt bei der Herstellung des Gins übernehmen. Irgendwann kommen die Hefezellen allerdings auch an ihre Grenzen. Hier muss dann die Technik eingreifen, um aus einer Fermentationsbrühe einen Gin herzustellen.

1.2 Warum destilliert es sich nicht ganz so einfach?

Da Ethanol ziemlich giftig ist, vergiften sich die Mikroorganismen irgendwann an ihrem eigenen Stoffwechselprodukt. Die Folge davon ist, dass Gärung immer nur eine beschränkte Alkoholkonzentration liefern kann. Je nach Art der Hefe sind unterschiedliche Alkoholgehalte erreichbar. Viel weiter als bis etwas über 20 % geht es allerdings nie. In der Praxis ist es meist sogar noch deutlich weniger. Gin hat jedoch *per definitionem* einen Alkoholgehalt von mindestens 37,5 Vol-%.[5]

---

[5] Vergleiche hierzu Punkt 20 b in Anhang I zur Verordnung (EU) 2019/787 des Europäischen Parlaments und des Rates vom 17. April 2019 über die Begriffsbestimmung, Bezeichnung, Aufmachung und Kennzeichnung von Spirituosen, die Verwendung der Bezeichnungen von Spirituosen bei der Aufmachung und Kennzeichnung von anderen Lebensmitteln, den Schutz geografischer Angaben für Spirituosen und die Verwendung von Ethylalkohol und Destillaten landwirtschaftlichen Ursprungs in alkoholischen Getränken sowie zur Aufhebung der Verordnung (EG) Nr. 110/2008

Um den Alkoholgehalt zu erhöhen, gäbe es nun eine Reihe von Möglichkeiten. Beispielsweise könnte man sich der Kristallisation bedienen. Dazu kühlt man die Mischung soweit ab, dass sie teilweise erstarrt. Zu Anfang bilden sich im Wesentlichen Kristalle, die fast vollständig aus Wassereis bestehen. Werden diese vor dem Auftauen entfernt, wird der Mischung Wasser entzogen und der Alkoholgehalt steigt. Vor allem weil das in der praktischen Umsetzung ziemlich unpraktisch ist, wird indes zumeist auf die Destillation zurückgegriffen.

Der Prozess ließe sich in einer Apparatur realisieren wie sie in Abb. 1.2 dargestellt und so ähnlich auch in vielen Laboren eingesetzt wird. Eine zu trennende Mischung wird in einem Behälter vorgelegt und von außen beheizt. Dadurch kommt es zu einer teilweisen Verdampfung. Der Dampf steigt auf und wird in einem Gegenstromkühler wieder kondensiert. Das Kühlwasser wird dabei nicht nur deshalb im sogenannten Gegenstrom zum Kondensat geführt, weil es sonst zu schnell von oben nach unten durchliefe, sondern auch weil Gegenstrom generell effektiver ist. Was es mit Gegenstrom auf sich hat, das werden wir in der Folge noch kennenlernen. Das Kondensat lässt sich jedenfalls auffangen und heißt dann Destillat.

Mit dem gerade beschriebenen Verfahren zur Destillation wird man allerdings nicht auf 37,5 % Alkohol kommen. Woran liegt das?

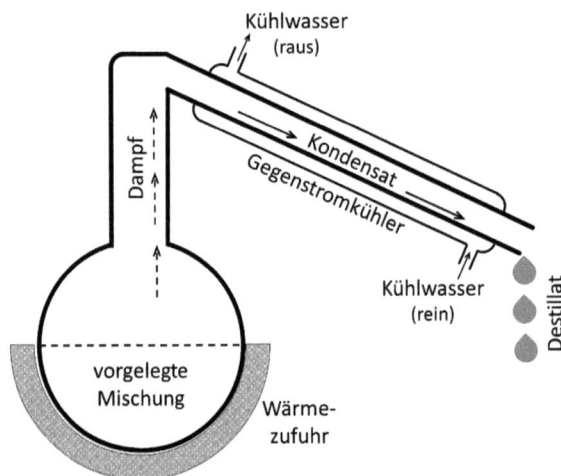

Abb. 1.2 Aufbau einer einfachen Destillationsapparatur, die eine einstufige Destillation realisiert

1.2 Warum destilliert es sich nicht ganz so einfach?

Destillation basiert vom Grundsatz her erstmal darauf, dass Mischungen teilweise verdampft werden. Im einfachsten Fall besteht die Mischung aus zwei Stoffen: Einem mit einem hohen Siedepunkt (in unserem Fall Wasser; 100 °C bei Atmosphärendruck) und einem mit einem niedrigen Siedepunkt (in unserem Fall Ethanol; 78 °C bei Atmosphärendruck). Wird die Mischung vorsichtig zum Verdampfen gebracht, so ließe sich erwarten, dass zunächst nur das Ethanol verdampft. Solange die Temperatur unter 100 °C bleibt, sollte doch eigentlich kein Wasser verdampfen.

In diesem Fall würde das Ziel von 37,5 % verfehlt, weil man reines Ethanol erhielte. Das Problem wäre jedoch durch anschließende Wasserzugabe leicht zu beheben. Doch so einfach ist es nicht. Tatsächlich wird der Dampf nicht aus reinem Ethanol bestehen, sondern vor allem aus Wasser. Einstufige Destillation kann deshalb grundsätzlich nur Konzentrationen deutlich unter 100 % erreichen. Um das zu verstehen bedarf es eines Blicks auf das sogenannte Flüssig-Dampf-Gleichgewicht, dem für die Destillation maßgeblichen Phasengleichgewicht.

Phasengleichgewichte gibt es verschiedene. Als Phase wird in der Thermodynamik ein Bereich bezeichnet, dessen Eigenschaften homogen sind. Vergleicht man beispielsweise zwei Aggregatzustände, etwa flüssig und dampfförmig, dann sind das jeweils verschiedene Phasen. Es können jedoch auch zwei (oder mehr) Phasen mit dem gleichen Aggregatzustand vorliegen. Ein bekanntes Beispiel ist eine Mischung aus Wasser und Öl. Die beiden Stoffe sind nicht vollständig mischbar, sodass sich zwei flüssige Phasen bilden: Eine organische Phase, die hauptsächlich aus Öl besteht, und eine wässrige Phase. Grundsätzlich ist die Koexistenz sowohl mehrerer Flüssigphasen als auch mehrerer Festphasen möglich. Nur bei der Gasphase gibt es eine Beschränkung; zwei verschiedene Gasphasen, die sich nicht mischen, sind nicht möglich. Es kann zu einer gewissen Schichtung kommen, wobei das „leichtere" Gas sich eher oben ansammelt. Es wird sich allerdings keine klare Phasengrenze einstellen, sondern immer nur einen fließenden Übergang geben.

Kommen zwei Phasen miteinander in Kontakt, so können sie Stoffe austauschen. Das macht man sich beispielsweise bei der Extraktion zunutze. Stellen wir uns einen organischen Schadstoff vor, der Wasser verunreinigt. Grundsätzlich ist seine Löslichkeit in Wasser gering, aber ein bisschen löst sich eben doch und verursacht nun Probleme. Mittels Extraktion kann der organische Schadstoff aus dem Wasser geholt werden. Dazu wird die wässrige Phase in Kontakt mit einer organischen Phase gebracht (zum Beispiel Oktanol). Oktanol mischt sich nur unvollständig mit Wasser. Es bilden sich zwei Phasen. Da sie miteinander in Kontakt stehen, können sie Stoffe, wie den Schadstoff, austauschen. Der organische Schadstoff kann deshalb über die Kontaktfläche der beiden Phasen hinweg in die organische Oktanolphase übertreten. In der chemischen Thermodynamik gilt die vereinfachte Grundregel: „Gleiches löst Gleiches" oder „Ähnliches löst Ähnliches." Der organische Schadstoff wird sich also deutlich besser im Oktanol als im Wasser lösen. Die Aufnahmefähigkeit des Oktanols ist dementsprechend erheblich größer als die des Wassers. Dadurch reichert sich der Schadstoff im Oktanol an, während er sich im Wasser abreichert.

Die Triebkraft für die Diffusion des Schadstoffs ist der Gradient in seinem sogenannten chemischen Potenzial. Was bedeutet das? Das chemische Potenzial eines Stoffes hängt im Wesentlichen von zwei Faktoren ab. Das ist zum einen die Umgebung, in der sich die Moleküle des Stoffes befinden. Vereinfacht gesagt lässt sich sagen, dass das chemische Potenzial in der Regel hoch ist, wenn sich die Moleküle in der Umgebung stark von den Molekülen des Stoffes unterscheiden. Die unpolaren Moleküle des organischen Schadstoffs unterscheiden sich strukturell stark von den polaren Wassermolekülen. Darum weist der Schadstoff in der wässrigen Phase zunächst ein hohes chemisches Potenzial auf. Im Gegensatz dazu sind die Moleküle des organischen Schadstoffs den Molekülen des ebenfalls organischen Oktanols relativ ähnlich. Das chemische Potenzial ist also vergleichsweise niedrig. Diffusion erfolgt nun immer aus Bereichen mit hohem chemischen Potenzial in Bereiche mit niedrigem chemischen Potenzial. Darum diffundiert der organische Schadstoff an der Kontaktstelle zwischen der wässrigen und der organischen Phase vom Wasser hinüber ins Oktanol. Irgendwann ist damit aber Schluss. Dieser Punkt ist nicht erst dann erreicht, wenn der gesamte Schadstoff die wässrige Phase verlassen hat, sondern schon vorher. Ein Teil verbleibt also im Wasser.

Die Ursache hierfür ist der zweite Faktor, der das chemische Potenzial bestimmt: die Konzentration. Je höher die Konzentration eines Stoffes ist, desto höher ist auch sein chemisches Potenzial. Während der Diffusion über die Kontaktfläche hinweg sinkt also das chemische Potenzial des Schadstoffes im Wasser, während es im Oktanol steigt. Irgendwann ist der Punkt erreicht in dem das chemische Potenzial des Schadstoffs im Oktanol gleich dem im Wasser ist. Der Unterschied im chemischen Potenzial des Schadstoffes zwischen den beiden Bereichen ist damit gleich null. Damit ist die Triebkraft der Diffusion entfallen und sie kommt zum Erliegen. Obwohl die Moleküle des Schadstoffs die Moleküle des Oktanols als Nachbarn „lieber mögen" als die des Wassers, stoppt die Netto-Diffusion. Natürlich treten noch weiterhin einzelne Moleküle aus der Wasserphase in die Oktanolphase über. Es gehen aber genauso viele Moleküle in die Gegenrichtung. Dieser Zustand wird Phasengleichgewicht genannt. Im Phasengleichgewicht findet unterm Strich kein weiterer Austausch von Stoffen

1.2 Warum destilliert es sich nicht ganz so einfach?

mehr statt. In der Oktanolphase liegt nun eine höhere Konzentration des organischen Schadstoffs vor als in der Wasserphase. Darum funktioniert Extraktion. Der Schadstoff verteilt sich allerdings über beide Phasen. Im Übrigen gilt das nicht nur für den Schadstoff. Auch die anderen beiden Stoffe werden sich über beide Phasen verteilen. Die Löslichkeit von Wasser in Oktanol mag nicht besonders hoch sein, aber ein bisschen löst es sich schon. Und umgekehrt löst sich ein bisschen Oktanol im Wasser. Das heißt, dass sich auch diese beiden Stoffe so auf die beiden Phasen verteilen, dass ihre jeweiligen chemischen Potenziale in beiden Phasen sich angleichen.[6]

Die gerade angestellten Überlegungen zu Flüssig-Flüssig-Phasengleichgewichten lassen sich auf andere Phasengleichgewichte, wie das für die Gin-Destillation entscheidende Dampf-Flüssig-Gleichgewicht, übertragen. Wird eine Flüssigmischung teilweise verdampft, so bildet sich ein Dampf, der sich mit der verbliebenen Flüssigkeit im Phasengleichgewicht befindet. Wasser weist ein bestimmtes chemisches Potenzial in der Flüssigphase auf und genauso weist Ethanol ein bestimmtes chemisches Potenzial in der Flüssigphase auf. Im Phasengleichgewicht muss – wie gerade festgestellt – gelten: Das chemische Potenzial von Wasser in der Flüssigphase muss dem chemischen Potenzial des Wassers in der Dampfphase entsprechen. Genauso muss das chemische Potenzial des Ethanols in der Flüssigphase dem chemischen Potenzial des Ethanols in der Dampfphase entsprechen.

Grundsätzlich hat Ethanol ein stärkeres Bestreben in die Dampfphase überzugehen als Wasser. Das drückt sich unter anderem in der niedrigeren Siedetemperatur aus. Trotzdem hat auch Wasser ein Bestreben in die Dampfphase überzutreten. Deswegen liegt sein Normalsiedepunkt auch nicht bei unendlich, sondern bei gerade mal 100°C. Das Resultat davon ist, dass die Gleichheit der chemischen Potenziale in Flüssig- und Dampfphase für Wasser bei etwas höheren Konzentrationen in der Flüssig- und niedrigeren Konzentrationen in der Dampfphase erreicht wird. Umgekehrt wird die Gleichheit bei Ethanol bei etwas höheren Konzentrationen im Dampf und niedrigeren in der Flüssigkeit erreicht.

Aus diesem Grund funktioniert Destillation überhaupt. Im Phasengleichgewicht konzentriert sich Ethanol in der Dampfphase auf und in der Flüssigphase ab. Entsprechend reichert sich Wasser in der Flüssigphase auf, während es sich im Dampf abreichert. Genau hier liegt das häufige Missverständnis: Wasser

---

[6] Aus diesem Grund wäre Oktanol für diese Aufgabe nicht besonders gut geeignet, da es potenziell wassergefährdend ist und das vom Schadstoff zu reinigende Wasser selbst kontaminieren würde.

befindet sich auch in der Dampfphase – selbst wenn die Temperatur deutlich unter 100°C liegt. Der Dampf besteht mitnichten aus reinem Alkohol. Die Alkoholkonzentration ist gestiegen, aber sie ist noch sehr weit von 100 % entfernt.

Wie hoch die Alkoholkonzentration im Dampf ist, hängt wiederum von der Alkoholkonzentration in der Flüssigkeit ab. Je höher sie dort ist, desto höher ist das chemische Potenzial des Alkohols in der Flüssigphase. Das muss im Gleichgewicht gleich dem chemischen Potenzial des Alkohols im Dampf sein. Deshalb ist dieses also ebenfalls höher, weshalb dann auch die Konzentration im Dampf höher sein muss. Die Gärung liefert meist nur eine Ethanolkonzentration etwas über oder unter 10 %. Beginnt die Verdampfung mit einer solchen Mischung, dann kommt nicht nur kein reiner Alkohol heraus. Selbst das Ziel von 37,5 % wird deutlich verfehlt. Mit einer einfachen Destillation, wie sie in Abb. 1.2 dargestellt ist, lässt sich also noch kein Gin herstellen.

1.3 Wie destilliert man richtig?

Grundsätzlich ließe sich natürlich eine höhere Ethanolkonzentration erreichen, indem der Vorgang wiederholt wird. Es würde also „mehrfach gebrannt". Eigentlich müsste das Verfahren nur oft genug wiederholt werden, um eine beliebige Konzentration zu erreichen. Ein solches Verfahren hätte jedoch eine Reihe von Nachteilen:

1. Der apparative Aufwand wäre sehr hoch. Es würden entweder sehr viele Destillationsapparaturen benötigt oder eine Apparatur müsste nacheinander mehrfach verwendet werden, womit man insgesamt nur wenig Produkt erhalten würde.
2. Der energetische Aufwand wäre sehr hoch. In jedem Destillationsschritt müsste die Verdampfungsenthalpie genannte Wärmemenge aufgewandt werden. Außerdem wäre der Kühlwasserbedarf für die Kondensation beträchtlich.
3. Der Materialeinsatz wäre sehr hoch. Bei jedem Destillationsschritt würde nicht nur angereichertes Destillat entstehen. Es würde auch eine Menge Sumpfprodukt zurückbleiben. Hierin mag die Konzentration des Wertprodukts niedriger sein, aber es steckt eben doch einiges an Wertprodukt drin (und mit jedem Schritt wird dieser Anteil höher). Es ergibt sich damit eine Verschwendung von Ressourcen und ein Abfallproblem.

1.3 Wie destilliert man richtig?

Das Problem mit dem immer noch ethanolhaltigen Abfall ließe sich dadurch lösen, diesen wiederum zu destillieren. So gewönne man wieder eine stärker ethanolhaltige Fraktion. Auf den ersten Blick explodiert der apparative Aufwand dabei natürlich völlig, da es unzählige Destillationsapparate bräuchte. Bei genauerer Betrachtung zeigt sich aber, dass diese Destillation einfach in der „vorherigen" Apparatur durchgeführt werden kann. Das funktioniert deshalb, weil die Konzentrationen ziemlich genau passen. Was der vorherigen Apparatur zugeführt wird, ist vereinfacht gesagt deren Ausgangsmischung; einmal angereichert an Leichtsieder (dem Stoff mit der niedrigeren Siedetemperatur) und dann wieder abgereichert.

Würde so ein Verfahren kontinuierlich betrieben, so ergäbe sich ein Schema, wie es in Abb. 1.3 a) visualisiert ist. Das Problem des Abfalls wäre damit gelöst. Es bleibt noch das Problem mit dem hohen Energiebedarf. Jede Apparatur hätte immer noch ihren eigenen Verdampfer und ihren eigenen Kondensator. Eigentlich ist das aber völlig unnötig. Warum soll Dampf, der gleich wieder verdampft wird, kondensiert werden? Wird der Dampf der nächsten Apparatur direkt dampfförmig zugeführt, so spart das den Kondensator und den Verdampfer der nächsten Apparatur. Das Schema ist in Abb. 1.3 b) skizziert. Der Dampf der Stufe (ab jetzt werden wir die Apparaturen „Stufen" nennen) blubbert von unten durch die Flüssigkeit der jeweils höheren Stufe. Die Flüssigkeit kommt aus der jeweils darüber liegenden Stufe. Sie wird jeweils unten entnommen und der darunterliegenden Stufe zugeführt. Dampf und Flüssigkeit werden im sogenannten Gegenstrom zueinander geführt. Die – Feed genannte – Ausgangsmischung wird einer der mittleren Stufen zugeführt.

Ganz oben befindet sich ein Kondensator. Dieser erzeugt sowohl das flüssige Produkt als auch diejenige Flüssigkeit, die in die oberste Stufe eingegeben wird. Dieser sogenannte Rücklauf ist nötig, da es oberhalb der obersten Stufe ja keine weitere Stufe gibt, aus der sie Flüssigkeit bekommen könnte. Der Rest wird als Destillat abgezogen und besteht in unserem Fall vor allem aus Ethanol. Analog findet sich ganz unten ein Verdampfer. Dieser verdampft einen Teil der Flüssigkeit, der der untersten Stufe zugeführt wird. Der Rest wird abgezogen. Da der untere Teil eines solchen Destillationsverfahrens „Sumpf" genannt wird, spricht man auch vom „Sumpfprodukt". In unserem Fall wäre das im Wesentlichen Wasser.

Damit wäre sowohl das Problem des Abfalls als auch das Problem des hohen Energiebedarfs gelöst. Bleibt nur noch das Problem des apparativen Aufwands. Zwar sind die Einzelapparaturen schon deutlich simpler geworden. Es sind allerdings immer noch etliche. Im Grunde genommen gibt es aber gar keinen Grund, für jede Stufe einen eigenen Apparat zu verwenden. Letztlich strömen doch nur

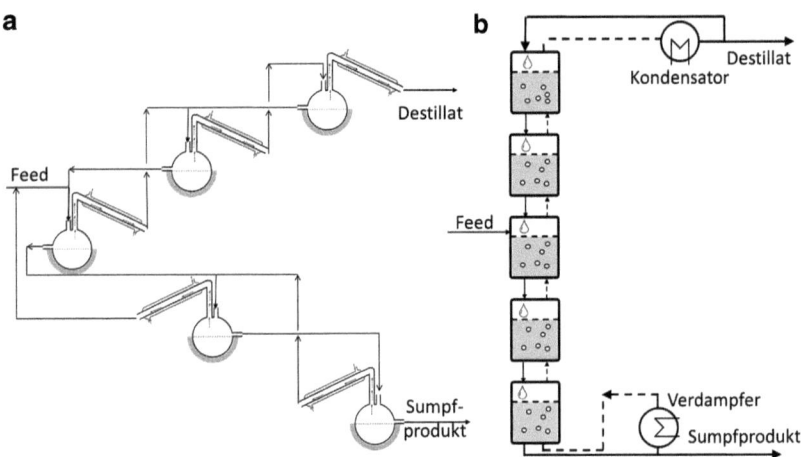

Abb. 1.3 Kontinuierliche, mehrstufige Destillation in mehreren Einzelapparaturen; **a)** jeweils mit eigenem Verdampfer und Kondensator, **b)** nur mit Verdampfer im Sumpf und Kondensator am Kopf

Flüssigkeit und Dampf aneinander im Gegenstrom vorbei. Da Dampf leichter ist als die Flüssigkeit, lässt sich das Ganze in einem senkrecht stehenden Rohr realisieren (Abb. 1.4a). Dieses Rohr wird Kolonne genannt und das Verfahren nennt sich Rektifikation.[7]

Wichtig ist dabei vor allem, dass der Rücklauf nicht vergessen wird. Es ist kontraintuitiv und erscheint vielen Leuten widersinnig das wertvolle Destillat wieder „zurückzuschütten". Trotzdem: Es ist essentiell. Andernfalls gäbe es keinen Gegenstrom von Dampf und Flüssigkeit. Effektiv ergäbe das die einstufige Destillation aus Abb. 1.2. Doch mit der lassen sich – wie oben festgestellt – nur begrenzte Ethanolkonzentrationen erreichen. Die Herstellung von Gin ist damit unmöglich.

Praktisch werden kontinuierliche Rektifikationskolonnen, wie sie in Abb. 1.4a dargestellt sind, für viele technische Prozesse eingesetzt. Gin wird jedoch in der Regel in diskontinuierlichen Batch-Apparaten hergestellt (Abb. 1.4b). Dazu

---

[7] In der Regel haben diese Kolonnen ein komplexeres Innenleben. Hier finden sich zum Beispiel Siebböden oder Schüttungen bestimmter Formkörper. Deren Funktion ist es einen möglichst intensiven Kontakt zwischen Dampf und Flüssigkeit zu gewährleisten. Dieser ist schließlich nötig, damit der Leichtsieder in die Dampfphase und der Schwersieder in die Flüssigphase übertreten können.

1.3 Wie destilliert man richtig?

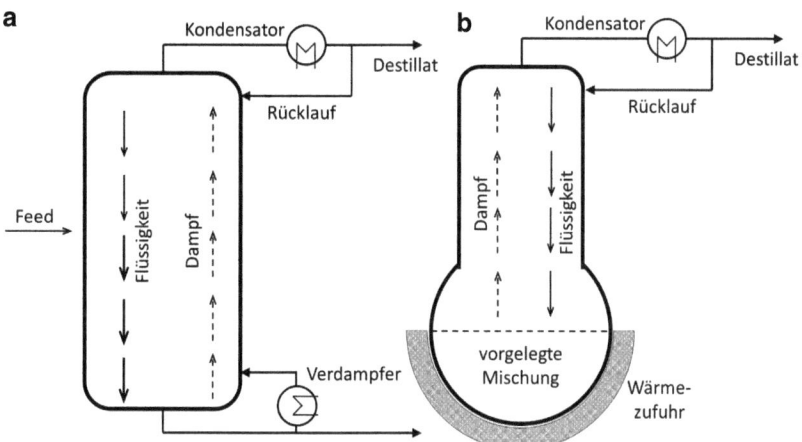

Abb. 1.4 Vereinfachter Aufbau einer Gegenstromdestillation (Rektifikation) im a) kontinuierlichen und b) diskontinuierlichen Betrieb

wird eine Wasser-Ethanol-Mischung vorgelegt und durch eine darüber befindliche Rektifikationskolonne hindurch verdampft. Rücklauf vom sogenannten Kopf rinnt dabei in Gegenrichtung nach unten. Das Destillat, das am Kopf der Kolonne abgezogen wird, erreicht dabei eine hohe Ethanolkonzentration. Diese sinkt im Laufe der Zeit ab, weil die Konzentration in der Vorlage immer weiter sinkt und mit gleicher Stufenzahl damit weniger Reinheit im Kopf erreicht wird. Deswegen muss der Vorgang rechtzeitig abgebrochen werden.

> **Exkurs: Das Azeotrop**
> *Für die Herstellung von Gin ist er zwar irrelevant, der Vollständigkeit halber soll ein Effekt aber nicht unerwähnt bleiben: Das Azeotrop. Die Frage, welcher Stoff aus einer Mischung bevorzugt in die Dampfphase geht, hängt zum Einen von deren relativer Flüchtigkeit ab. Vereinfacht gesagt verdampft bevorzugt derjenige Stoff, der die niedrigere Siedetemperatur hat. Zum Anderen spielt es für die Moleküle allerdings auch eine Rolle, wer ihre Nachbarn sind. In einer Mischung sind das naturgemäß andere Moleküle als im Reinstoff. Die Wechselwirkungen zwischen den Molekülen können das Phasengleichgewicht*

stark beeinflussen. Thermodynamisch-mathematisch wird das im sogenannten Aktivitätskoeffizienten ausgedrückt. Dieser beschreibt die Änderung des chemischen Potenzials dadurch, dass die Nachbarmoleküle von einer anderen Art sind als das jeweilige Molekül selbst.

Hierdurch wird das Phasengleichgewicht mitunter stark beeinflusst. In der Folge kann es dazu kommen, dass es ein Mischungsverhältnis gibt, bei dem die Zusammensetzung der Dampfphase derjenigen der Flüssigphase entspricht. Diese Zusammensetzung ist das Azeotrop. Für die Destillation hat das erhebliche Auswirkungen. Ein Azeotrop lässt sich durch Destillation nicht so einfach trennen, weil sich die Zusammensetzung beim Verdampfen schließlich nicht ändert.

Wasser und Ethanol gehören zu den Stoffpaarungen, die ein solches Azeotrop aufweisen. Die exakte azeotrope Zusammensetzung für Wasser-Ethanol-Mischungen hängt vom Druck ab, liegt jedoch bei über 90 % Alkohol. Für die Herstellung von Gin (und anderen Spirituosen) ist der Effekt damit völlig irrelevant. Beispielsweise bei der Herstellung von Biokraftstoffen ist das trotzdem ein Problem. Schließlich soll der Kraftstoff möglichst wenig Wasser enthalten, weil es nur zusätzliche Masse darstellt, die außerdem zusätzlich verdampft werden muss, und damit wiederum Energie benötigt. Dafür gibt es zwar Lösungen; aber es wird aufwendiger. Beispielsweise lässt sich eine Destillation mit einem integrierten Extraktionsprozess betreiben. Da das alles nichts mit Gin Tonic zu tun hat, soll es hier nicht weiter interessieren.

Die Thermodynamik des Tonic Waters 2

Gin schmeckt bekanntlich am besten, wenn er mit einem guten Tonic Water gemischt wird. Das gibt es nicht nur im Supermarkt. Es lässt sich relativ einfach selbst herstellen. Ein einfaches Rezept dafür könnte so aussehen:

Je eine Orange, Zitrone und Limette werden ausgepresst und die Schale abgerieben. Zusammen mit 100 g kleingeschnittenem Zitronengras, 15 g zerkleinerter Chinarinde, 10 g Zitronensäure, 6 g gemörserten Pimentkörnern und einer Prise Salz kommt das in einen Topf mit 1 Liter Wasser. Das Ganze wird erwärmt und ungefähr 20 min köcheln gelassen. Anschließend wird der Sud durch ein Baumwolltuch in einen neuen Topf abgesiebt. Diese Mischung wird nochmals zum Kochen gebracht und 600 g Zucker zugegeben und am Köcheln gehalten, bis dieser sich vollständig gelöst hat. Zum Schluss wird der Sirup, am besten noch heiß, in Flaschen gefüllt und kühl gelagert. Im Verhältnis 1 zu 5 mit Mineralwasser gemischt, ergibt sich ein Tonic Water, mit dem sich ein schöner Gin Tonic mixen lässt.[1]

Nachdem motivierte Leser das nachgekocht haben, wollen wir uns zunächst zwei Fragen ansehen: Warum werden die Zutaten eigentlich alle kleingeschnitten, gerieben, gemörsert oder ähnliches? Und warum wird das Ganze erneut zum Kochen gebracht, wenn der Zucker zugegeben wird?

---

[1] Das beschriebene Tonic Water eignet sich besonders gut zur Mischung mit einem Dry Gin.

2.1 Warum werden die Zutaten klein geschnitten?

Das beschriebene Rezept ist eigentlich nicht besonders kompliziert. Einige Zutaten sind vielleicht nicht in jedem Supermarkt erhältlich, aber im Großen und Ganzen ist die Herstellung nicht schwierig. Warum werden beispielsweise die Pimentkörner gemörsert oder die Zitronenschale abgerieben? Nach dem Auspressen könnte die Schale der Zitrone doch einfach in den Topf geworfen werden. Es ist ja nicht so, dass die abgeriebene Schale gegessen würde. Am Schluss wird sie doch schließlich sowieso mithilfe des Baumwolltuchs abgesiebt – egal ob sie sich in geriebenem oder kompletten Zustand im Sud befindet.

Tatsächlich wäre das Abreiben der Zitrusfrüchte gar nicht zwingend erforderlich. Im Grunde genommen ist nicht mal das Auspressen des Safts notwendig. Es reicht auch, die Früchte zu vierteln und in den Topf zu werfen. Das Ergebnis wäre mehr oder minder das Gleiche. Zumindest sofern der Prozess entsprechend angepasst wird. Würde auf das Kleinschneiden verzichtet, so würde diese Arbeitsersparnis an anderer Stelle ihren Preis fordern. Diese andere Stelle ist die Zeit. Das Ganze müsste deutlich länger gekocht werden. Die Ursache dafür ist das sogenannte Oberflächen-Volumen-Verhältnis.

Verfahrenstechnisch gesehen ist der Gesamtvorgang eine Feststoffextraktion. Dabei werden Aroma- und Farbstoffe aus den festen Zutaten herausgelöst. Die Geschwindigkeit, mit der das geschieht hängt wiederum von zwei Faktoren ab: 1.) Der Diffusionsstrecke im Festkörper und 2.) der Oberfläche, über die der Austausch geschieht.

Der erste Punkt ist recht einfach. Die Diffusion der Aromastoffe innerhalb des Festkörpers ist vergleichsweise langsam. Als ganz grobe Faustformel ist der Diffusionskoeffizient im Festkörper nur ein 10.000-stel des Wertes in der Flüssigphase. Wichtig sind demnach kurze Diffusionswege innerhalb des Festkörpers. Selbsterklärend dürfte sein, dass kleine Stücke kürzere Diffusionswege innerhalb des Festkörpers bedeuten, als große Teile.

Beim zweiten Punkt ist wichtig zu verstehen, wie Teilchengröße und Oberfläche zusammenhängen. Zunächst einmal verfügt ein kleines Teilchen natürlich in der Regel über eine kleinere Oberfläche als ein großes Teilchen. Dabei darf aber nicht die Anzahl vergessen werden. Viele Teilchen haben natürlich mehr Oberfläche als wenig Teilchen. Hier wirken also zwei entgegengesetzte Effekte (Größe und Anzahl) gegeneinander. Werfen wir zunächst einmal einen Blick auf den mathematischen Zusammenhang zwischen Oberfläche und Volumen.

Das Volumen eines Festkörpers bleibt beim Zerkleinern grundsätzlich erstmal gleich. Zerlegt man einen großen Würfel in acht gleich große Teilwürfel, so haben diese zusammen das gleiche Gesamtvolumen wie der große Würfel zu

Anfang hatte (Abb. 2.1a). Bei der Oberfläche sieht es anders aus. Zunächst einmal bleibt die Oberfläche des großen Würfels erhalten. Dazu kommt allerdings noch die Oberfläche der Schnittflächen. Werden die Würfel gedanklich in ihre Netze zerlegt (Abb. 2.1b), lassen sich die Änderungen bei der Oberfläche gut erkennen. Der große Würfel hatte sechs Einzelflächen mit jeweils einer Fläche von 2 Längeneinheiten zum Quadrat. Das macht 4 Flächeneinheiten pro Einzelfläche und damit 24 Flächeneinheiten in Summe. Bei den kleineren Teilwürfeln hat jede Seite nur 1 Längeneinheit zum Quadrat als Fläche, was 1 Flächeneinheit bedeutet. Allerdings gibt es jetzt acht mal sechs Einzelflächen. Das führt unterm Strich zu 48 Flächeneinheiten. Die Gesamtfläche hat sich beim Zerteilen also verdoppelt.

Mathematisch lässt sich das noch kürzer formulieren: Die Oberfläche korreliert quadratisch (hoch 2) mit dem Durchmesser. Eine Halbierung der Seitenlänge der Würfel reduziert die Oberfläche auf ein Viertel. Das Volumen korreliert kubisch (hoch 3) mit dem Durchmesser. Die Halbierung der Seitenlänge lässt das Volumen damit auf ein Achtel schrumpfen. Das Verhältnis von Oberfläche zu Volumen hat sich damit verdoppelt.

Solange die Form unverändert bleibt, bedeutet eine Halbierung der Abmessungen also eine Verdoppelung der Oberfläche relativ zum Volumen. Komplizierter wird es, wenn die Form sich ändert. Die Oberfläche, die ein Körper relativ zu seinem Volumen einnimmt, hängt neben der Größe auch noch von der Gestalt ab. Sehen wir uns das einmal an, indem wir gedanklich das gleiche Experiment mit einer Kugel vollführen. Genau wie beim Würfel teilen wir die Kugel jeweils entlang dreier durch den Mittelpunkt gehender, senkrecht aufeinander stehender Flächen. Das Gesamtvolumen bleibt natürlich wieder unverändert. Überlegen wir mal, was mit der Oberfläche passiert. Die Ursprungskugel (mit einem Durchmesser von einer Längeneinheit) hatte eine Oberfläche von:

$$A_{Kugel} = \pi \cdot d^2 = \pi \cdot (1LE)^2 \approx 3{,}142 \ FE$$

Diese Oberfläche bleibt beim Zerteilen erhalten. Zusätzlich entstehen bei jedem Kugelsegment drei 90°-Kreissegmente. Jedes dieser Kreissegmente hat ein Viertel der Fläche eines Kreises mit einem Durchmesser von 1 Längeneinheit:

$$A_{Kreissegment} = \frac{1}{4} \cdot \pi \cdot \left(\frac{d}{2}\right)^2 = \frac{1}{4} \cdot \pi \cdot \left(\frac{1LE}{2}\right)^2 \approx 0{,}196 \ FE$$

Da es acht Kugelsegmente gibt, die jeweils drei dieser Kreissegmente besitzen, kommt zur Gesamtoberfläche also noch das 24-fache dieses Wertes infolge der

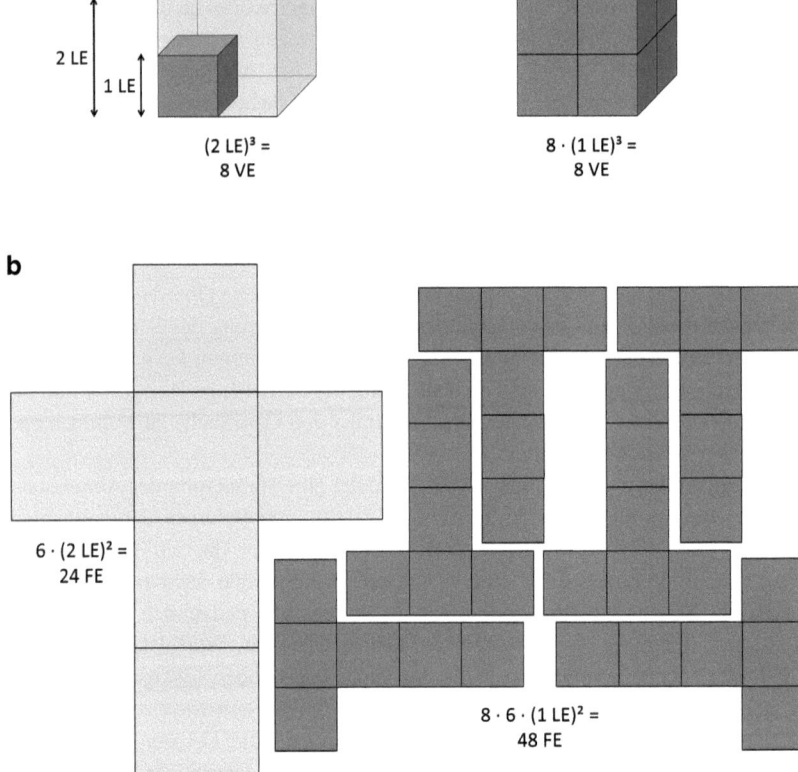

Abb. 2.1 Zusammenhang von Volumen (**a**) und Oberfläche (**b**) in Abhängigkeit der Größe am Beispiel eines Würfels

Schnittflächen hinzu:

$$A_{Schnittflächen} = 8 \cdot 3 \cdot A_{Kreissegment} \approx 4{,}712 \; FE$$

Die Oberfläche aller Kugelsegmente zusammen beträgt damit

$$A_{Kugelsegmente} = A_{Schnittflächen} + A_{Kugel} \approx 7{,}854 \; FE$$

2.1 Warum werden die Zutaten klein geschnitten?

Setzen wir das ins Verhältnis zur Oberfläche der Ursprungskugel, dann ergibt sich ein Verhältnis von:

$$\frac{A_{Kugelsegmente}}{A_{Kugel}} = \frac{7{,}854 \; FE}{3{,}142 \; FE} = 2{,}5$$

Nochmal zur Erinnerung: Beim Würfel lag das Verhältnis nur bei einem Faktor 2. Beim Zerkleinern der Kugel ist die Oberfläche also deutlich stärker gestiegen als beim Zerteilen des Würfels. Woran liegt das?

Dieses Mal haben sich nicht nur die Abmessungen verkürzt, sondern auch die Form geändert. Während im Fall des Würfels wieder acht Würfel entstanden, sind aus der Kugel acht Kugelsegmente entstanden (und nicht acht kleine Kugeln). Bei gegebenem Volumen hat die Kugel die kleinste Oberfläche aller Formen. Ein Würfel hat beim gleichen Volumen deutlich mehr Oberfläche. Konkret sind es über 65 % mehr Oberfläche. Je weiter man von der Kugelform abweicht, desto größer wird die Oberfläche pro Volumen. Ein Quader mit quadratischer Grundfläche, aber zehnfacher Höhe, hätte bereits 78 % mehr Oberfläche als die volumengleiche Kugel. Theoretisch lässt sich das Verhältnis von Oberfläche zu Volumen so beliebig in die Höhe treiben. Ein sehr länglicher und zugleich unheimlich schmaler Quader hätte kaum Volumen; seine Oberfläche wäre indes riesig.

Der Würfel ist in seiner Gestalt noch einigermaßen nah an der Kugel dran (man sagt: Er hat eine hohe Sphärizität). Quader (beziehungsweise die in lange Streifen geschnittenen Zutaten) sind dagegen schon sehr viel weiter von der Kugelform entfernt (sie haben eine geringe Sphärizität). Damit kommen sie auf eine große Oberfläche. Es kommt also nicht nur darauf, an in wie viele Stücke die Zutaten zerschnitten werden, sondern auch in welche Form. Wird ein langer Streifen in zwei kurze Streifen zerteilt, dann steigt die Sphärizität. Die Gesamtoberfläche steigt bei gleichem Volumen zwar immer noch leicht an (die kleine Schnittfläche ist schließlich zweimal dazu gekommen), der Effekt ist aber überschaubar. Weit mehr wäre erreicht worden, wenn der lange Streifen der Länge nach halbiert worden wäre. Dann käme nämlich statt einer kleinen Schnittfläche eine große Schnittfläche zweimal zur Gesamtfläche dazu.

Als Faustformel lässt sich also zusammenfassen: Je kleiner die Teilchen sind und je mehr ihre Form von der Kugelgestalt abweichen, desto größer ist die Oberfläche relativ zum Volumen. Die Menge an Aromen, die sich in einem Feststoffteil befinden, ist vereinfacht gesagt proportional zu seinem Volumen. Werden die Teilchen zerkleinert sinkt das Volumen der Einzelteile schneller als ihre jeweilige Oberfläche. Damit steht pro Menge an Aromastoffen mehr Oberfläche zur

Verfügung, über die eine Extraktion in die Flüssigphase möglich ist. Das ist das ganze Geheimnis, warum die Zutaten für das Tonic Water vor dem Kochen kleingeschnitten werden.

2.2 Warum wird die Mischung zum Kochen gebracht?

Als nächstes stellt sich die Frage, warum das Ganze eigentlich gekocht wird? Zunächst einmal hat es natürlich einen Vorteil mit Blick auf die Haltbarkeit. Mikroorganismen, die zum Verderben beitragen könnten, werden so vor dem Abfüllen abgetötet. Der Effekt ist beispielsweise vom Marmeladekochen bekannt. Das Kochen hat aber noch eine weitere – thermodynamische – Funktion.

Hierbei geht es wieder um die Zeit, die es braucht, bis die Aromen aus den Früchten und Gewürzen extrahiert sind. Der Mechanismus, der die Aromen in die Flüssigkeit befördert, ist die Diffusion. Der durch Diffusion transportierte Stoffmengenstrom $\dot{n}$ hängt von mehreren Faktoren ab (1. Ficksches Gesetz; benannt nach dem Physiologen Adolf Fick, 1829–1901):

$$\dot{n} = -D \cdot A \cdot \frac{\partial c}{\partial x}$$

Das Minuszeichen ignorieren wir jetzt einfach mal. Das rührt einfach von einer gängigen Vorzeichenkonvention für Stofftransportprozesse. Zur korrekten Formulierung der Gesetzmäßigkeit gehört es formal einfach dazu. Zwei der Beiträge haben wir gerade schon kennengelernt. A ist die Querschnittsfläche, durch die die Diffusion erfolgt, und die durch das Kleinschneiden vergrößert wird. x bezeichnet die Ortskoordinate. Deren Unterschied Δx ist die Distanz, über die der Aromastoff transportiert wird. Nun steht da aber nicht Δx, sondern ∂x. Diese spezielle Schreibweise bezeichnet ein partielles Differential. Mathematiker überspringen die nächsten Zeilen jetzt bitte. Ich erkläre es einfach mal ohne Rücksicht auf mathematische Sauberkeit. Vereinfacht kann man sich das so vorstellen, dass im Nenner des Bruchs die Wegstrecke steht. Je kleiner diese ist, desto größer wird der Ausdruck und damit die extrahierte Stoffmenge pro Zeit $\dot{n}$. Durch das Kleinschneiden wurde diese Weglänge verkleinert. Das ist, neben der Oberflächenvergrößerung, der zweite Beitrag dieser Maßnahme zur schnelleren Extraktion. Im Zähler steht ∂c (das wir uns einfach mal als Δc vorstellen). Damit ist – ganz grob vereinfacht – die Konzentrationsdifferenz gemeint. Im Inneren der festen Bestandteile herrscht zu Beginn eine hohe Konzentration an

2.2 Warum wird die Mischung zum Kochen gebracht?

Aromen. Im Wasser ist die Konzentration niedrig und damit die Konzentrationsdifferenz groß. Darum wird die Extraktion im Laufe der Zeit immer langsamer. Zum einen sinkt die Konzentration im Inneren der Partikel. Zum anderen steigt sie in der Flüssigphase. Die treibende Konzentrationsdifferenz nimmt also ab.

Was hat jetzt das Kochen mit all dem zu tun? Hier kommt der Parameter D ins Spiel. Der heißt Diffusionskoeffizient und ist (wie sehr vieles in der Thermodynamik) von der Temperatur abhängig. Mit steigender Temperatur steigt auch der Diffusionskoeffizient in Feststoffen. Gemäß 1. Fickschen Gesetz steigt damit der Stoffmengenstrom infolge von Diffusion. Es wird pro Zeit mehr Aroma extrahiert. Rein thermodynamisch könnte man das Kochen auch weglassen. Dann bräuchte es lediglich sehr viel mehr Zeit für die Extraktion.

Nach dem Absieben der Feststoffe wird das Ganze allerdings nochmal aufgekocht, um den Zucker dazu zu geben. Hierbei geht es nicht nur um die Geschwindigkeit des Auflösens. Selbstverständlich lösen sich die Zuckerkristalle schneller in warmem Wasser als sie es in kaltem täten. Wenn es einzig und allein um die Geschwindigkeit ginge, dann würde das oben zum Oberflächen-Volumen-Verhältnis Gesagte schon weiterhelfen. Puderzucker ist zwar im Einkauf teurer, er löst sich – aus den beschriebenen Gründen – aber auch schneller auf.[2] Durch das nochmalige Aufkochen löst sich auch der günstigere, grobkörnigere Zucker zügig auf. Das dient mittelbar der Haltbarkeit. Beim erstmaligen Kochen ist zwar schon eine gewisse Sterilisierung erreicht worden. Würde die Mischung nun vor dem Abfüllen hingegen lange offen rumstehen bis sich der Zucker gelöst hat, würden wieder viele Mikroorganismen hineingelangen.

An dieser Stelle lohnt es sich allerdings, nicht mehr nur über die Kinetik des Vorgangs zu sprechen (der Begriff der „Kinetik" bezeichnet die Geschwindigkeit des Vorgangs). Stattdessen sind ein paar Gedanken über die grundsätzliche Fähigkeit, den Zucker überhaupt in der Flüssigphase aufzunehmen, thermodynamisch ebenfalls interessant.

Die maximale Aufnahmefähigkeit wird Löslichkeit genannt. Grundsätzlich ist die Löslichkeit von Zucker in Wasser sehr hoch. Aber reicht sie aus, um 600 g Zucker in einem Liter Wasser aufzulösen?

---

[2] Aus diesem Grund wird bei Lebensmitteln teilweise versucht möglichst feinen Zucker zu verwenden (nicht nur in der Lebensmittelindustrie, sondern auch in einigen Backrezepten für zuhause). Spätestens im Magen löst sich der gesamte Zucker, nur ist es dann geschmacklich schon zu spät. Damit der Kunde gleich im Mund die volle Süße abbekommt, muss der Zucker gleich dort in Lösung gehen, um zu den Geschmacksrezeptoren zu gelangen. Die große Oberfläche macht Puderzucker darum süßer, obwohl er chemisch das gleiche ist wie grobkörniger Zucker und deshalb im Getränk aufgelöst kein Unterschied besteht.

Vom Grundsatz her gilt erst einmal die Faustformel, dass die Löslichkeit von Feststoffen in Flüssigkeiten in den meisten Fällen mit der Temperatur steigt. Das lässt sich wieder mit der – bereits oben vorgestellten – Gibbs-Energie G und deren Temperaturabhängigkeit erklären. Diese muss abnehmen, damit ein Vorgang thermodynamisch möglich ist. Das gilt nicht nur für chemische Reaktionen, sondern auch für alle möglichen anderen Vorgänge – das Lösen von Zucker in Wasser oder anderen Flüssigkeiten eingeschlossen. Die Änderung der Gibbs-Energie beim Auflösen setzt sich – analog zu anderen Gibbs-Energien – aus zwei Beiträgen zusammen: Der Lösungsenthalpie und der Lösungsentropie. Die Enthalpie haben wir im letzten Kapitel nur kurz gestreift. Zum vollständigen Bild gehört sie aber dazu, weswegen wir sie uns jetzt nochmal etwas genauer am Beispiel der Lösung ansehen.

Die Lösungsenthalpie lässt sich vorstellen als die Energiemenge, die es braucht, um den Zucker zu lösen. Dazu müssen die Anziehungskräfte zwischen den Zuckermolekülen im Zuckerkristall überwunden werden. Das erfordert Energie. Diese Energie muss als Wärme zugeführt werden. Dabei ist es nicht zwingend nötig, dass geheizt wird. Die Wärme lässt sich – vereinfacht gesagt – auch dadurch bereitstellen, dass sich die Mischung abkühlt. Wird Zucker in Wasser gleicher Temperatur aufgelöst, dann würde eine Temperaturmessung tatsächlich zeigen, dass die Temperatur der Mischung niedriger ist als die Ausgangstemperatur. Das liegt an der Lösungsenthalpie. Gelöster Zucker hat mehr Energie als fester Zucker. Darum muss beim Auflösen schließlich Wärme zugeführt werden, um diese Energie bereitzustellen, und sei es nur indem der Zucker dem System Wärme in Form des Abkühlens „wegnimmt". Nur so bleibt die Gesamtenergiemenge konstant, wie es der Erste Hauptsatz der Thermodynamik (Satz von der Erhaltung der Energie) verlangt. Darum ist die Lösungsenthalpie größer Null (positiv). Im Grunde genommen gilt das ganz analog für die Reaktionsenthalpie, die im 2. Kapitel kurz angeschnitten wurde. Dabei werden dann nicht Anziehungskräfte zwischen Molekülen überwunden, sondern chemische Bindungen in Molekülen aufgebrochen oder geknüpft.

Vielleicht hat sich der Eine oder Andere beim Lesen diese Frage gestellt: Warum wurde mal von Energie und mal von Enthalpie gesprochen? Vereinfacht gesprochen ist Enthalpie einfach eine Art über den Energieinhalt eines Systems zu sprechen. Wird einem System bei konstantem Druck Wärme zugeführt, so entspricht die Enthalpieänderung der Wärmemenge. Vom Grundsatz her ließe sich der Energieinhalt eines Systems auch mit der Inneren Energie beschreiben. Das ist nur unpraktischer, weil die Gleichheit von Wärmemenge und Änderung der Inneren Energie nur dann gilt, wenn man mit einem massiven Stahlautoklaven erzwingen würde, dass sich das Volumen dabei nicht ändert. Da sich das nicht

2.2 Warum wird die Mischung zum Kochen gebracht?

nur beim Gin-Tonic-Mixen, sondern auch sonst als unpraktisch und letztlich sogar völlig sinnlos erweist, wird zumeist mit der Enthalpie gearbeitet. Deren Änderung entspricht der zugeführten Wärmemenge bei konstantem Druck, was in der Praxis deutlich häufiger vorkommt.

Jetzt aber zurück zum Auflösen des Zuckers: Da die Enthalpie bei einer (korrekt gesprochen: isothermen) Auflösung des Zuckers steigt, ist die Lösungsenthalpie positiv. Damit das Auflösen funktioniert, muss die Änderung der Gibbs-Energie ΔG hingegen negativ sein. Die Enthalpie wirkt hier also dem Auflösen entgegen. Molekular gesprochen drückt sich darin der Umstand aus, dass die Zuckermoleküle im Kristall ja gebunden sind und diese Bindung erstmal aufgebrochen werden muss.

Bei der Frage, ob ein Vorgang abläuft, kommt es aber schließlich nicht nur auf die Enthalpie ΔH an, sondern auf die Gibbs-Energie ΔG. Zu der war die Enthalpie nur der erste von zwei Beiträgen. Auch hier spielt wieder die Entropie S eine große Rolle. Je wilder die Moleküle verteilt sind, desto größer die Entropie. Im Kristall sind die Moleküle auf recht klar definierten Positionen angeordnet. Die Entropie ist also niedrig. In der Lösung bewegen sie sich recht chaotisch durcheinander. Die Entropie ist also hoch.

Der Zweite Hauptsatz der Thermodynamik besagt, dass ein Vorgang nur dann ablaufen kann, wenn die Gesamtentropie steigt. Entropie kann durch Wärmezufuhr steigen oder eben dadurch, dass sich ein Kristall auflöst. Die Lösungsentropie ist damit ebenfalls positiv. Die Entropie des gelösten Zuckers ist schließlich höher als die des kristallinen.

Jetzt zurück zur Änderung der Gibbs-Energie ΔG und der zugehörigen Gleichung. Der Beitrag der Lösungsenthalpie ΔH dazu ist – wie festgestellt – positiv, was gegen ein Auflösen spricht. ΔG soll schließlich negativ sein. Die Lösungsentropie ist ebenfalls positiv. Die Temperatur T (in Kelvin) mit der sie multipliziert wird, ist immer positiv. Sonst läge man unter dem absoluten Nullpunkt, was der Dritte Hauptsatz der Thermodynamik verbietet. Das Produkt T·ΔS ist damit ebenfalls positiv. Da davor aber ein Minus steht, führt eine hohe Lösungsentropie ΔS jedoch dazu, dass ΔG eher negativ wird. Entscheidend für die Frage, ob ΔG nun positiv oder negativ ist, ist letztlich ob ΔH oder T·ΔS größer ist.

An dieser Stelle ließe sich nun eine ausführliche Diskussion darüber anführen, wie Lösungsenthalpie und -entropie jeweils von der Konzentration abhängen. Das wäre thermodynamisch zwar sehr spannend und würde zu einer wirklich vollständigen Diskussion dazugehören. Da es hier den Rahmen sprengt, wollen wir uns damit begnügen nur einmal kurz die Frage zu stellen, unter welchen Bedingungen der Beitrag der Enthalpie dominiert und wann der der Entropie. Wie in der Gleichung unschwer zu erkennen ist, wird die Lösungsentropie ΔS mit der

Temperatur T multipliziert, die Lösungsenthalpie ΔH dagegen nicht. Dadurch weist der Beitrag der Lösungsentropie ΔS zur Änderung der Gibbs-Energie beim Lösen ΔG eine starke Temperaturabhängigkeit auf. Je höher die Temperatur, desto relevanter der Beitrag der Entropie. Da die Lösungsentropie, im Gegensatz zur Lösungsenthalpie, thermodynamisch für ein Auflösen spricht, ist das Lösen bei höheren Temperaturen deutlich eher möglich als bei niedrigen. Das ist die – etwas vereinfachte – Erklärung dafür, dass die Löslichkeit von Feststoffen in Flüssigkeiten in der Regel mit steigender Temperatur steigt.

Darum steigt durch das Aufkochen die Löslichkeit des Zuckers. Jetzt bleibt nur noch die Frage, ob das wirklich nötig ist oder ob die Löslichkeit bei Raumtemperatur nicht schon gereicht hätte. Long story short: Die Löslichkeit von Rohrzucker in Wasser reicht bei Raumtemperatur schon aus, um über 1 kg Zucker in einem Liter Wasser zu lösen.

Die Antwort ist also: Ja, die Löslichkeit von Zucker in Wasser hätte auch bei Raumtemperatur gereicht. Das nochmalige Aufkochen dient damit tatsächlich nur der Geschwindigkeit und der Sterilisierung. Hätte man die Frage aber so schnell beantwortet, dann hätte sich nicht so schön über die Thermodynamik der Löslichkeit und ihrer Temperaturabhängigkeit philosophieren lassen.

2.3 Wie kommt die Kohlensäure ins Tonic Water?

Die Löslichkeit ist nicht nur wichtig für die Frage, wie gut sich Zucker und andere Geschmacksstoffe im Tonic Water lösen. Neben der Löslichkeit, die Feststoffe in Flüssigkeiten aufweisen, lässt sich auch eine Löslichkeit von Gasen in Flüssigkeiten definieren. Die Löslichkeit eines Gases gibt an wie viel des entsprechenden Gases sich bei gegebenem Druck in der Flüssigphase löst.

Steht eine Gasphase (zum Beispiel Luft) mit einer Flüssigphase (zum Beispiel Wasser) in Kontakt, dann löst sich ein Teil des Gases in die Flüssigphase. Je höher der Druck ist, desto mehr Gas wird in die Flüssigphase „gepresst". Aus diesem Grund ist die gelöste Menge umso größer, je größer der Druck ist. Anders als bei der Löslichkeit von Feststoffen ist die maximal lösliche Menge damit nicht nur von den jeweiligen Stoffen und der Temperatur abhängig. Zusätzlich muss der Druck beachtet werden. Bei genauerer Betrachtung geht es dabei jedoch nicht einfach um den Druck als solchen, sondern um den Partialdruck. Die Unterscheidung zwischen Druck und Partialdruck ist entscheidend, um zu verstehen, warum das Tonic Water nach Öffnen der Flasche seine Kohlensäure verliert.

Kohlensäure ist, chemisch vereinfacht gesagt einfach das Kohlenstoffdioxid, das sich im Wasser löst. Wie beschrieben hängt die Menge an Kohlenstoffdioxid,

2.3 Wie kommt die Kohlensäure ins Tonic Water?

die sich lösen kann, neben der Löslichkeit vom Partialdruck des Kohlenstoffdioxids in der Gasphase ab. Um das Konzept des Partialdrucks zu verstehen, lohnt es sich das Wort gedanklich mal in seine beiden Bestandteile zu zerlegen: Partial und Druck.

Sehen wir uns zunächst einmal den zweiten, offensichtlicheren Teil an. Druck ist die physikalische Eigenschaft, die beschreibt, welche Kraft das Gas auf eine gegebene Fläche ausübt. Der Druck der Atmosphäre nahe der Erdoberfläche beträgt in etwa 100.000 Pascal. Das bedeutet, dass pro Quadratmeter eine Kraft von 100 Kilonewton ausgeübt wird. Das entspricht dem Gewicht von 10 m^3 Wasser.

Soweit so gut. Nun der andere Wortbestandteil: „Partial" leitet sich vom lateinischen Wort „*pars*" ab, welches „Teil" bedeutet. Ein Partialdruck ist also ein „Teildruck". Die Modellvorstellung dahinter ist, dass in einer Gasmischung jede Einzelkomponente einen Anteil am Gesamtdruck hat. Werden die Partialdrücke aller Komponenten eines Gasgemisches aufaddiert, so ergibt sich der Gesamtdruck. Der Partialdruck eines konkreten Stoffes (zum Beispiel Kohlenstoffdioxid CO_2) p_{CO_2} ergibt sich ganz einfach aus dem Produkt von Anteil des Stoffes an der Gasmischung y_{CO_2} und dem Gesamtdruck p:

$$p_{CO_2} = y_{CO_2} \cdot p$$

Der Partialdruck[3] eines Stoffes wie CO_2 kann damit bei gleichem Druck ganz verschiedene Werte annehmen. Als das Mineralwasser oder Tonic Water in der Fabrik mit Kohlensäure versetzt wurde, wurde CO_2 hindurchgeblubbert. Der Druck mag dabei im Einzelfall etwas höher als der Atmosphärendruck gewesen sein. Viel höher wird es allerdings auch dort nicht gewesen sein. Schließlich soll sich in der Flasche später auch kein wesentlich höherer CO_2-Druck einstellen. Sonst würde es diese unter Umständen zerreißen. In der Flasche und bei der Beaufschlagung mit Kohlensäure ist die Flüssigphase also mit einer Gasphase aus näherungsweise reinem Kohlenstoffdioxid bei einem Druck von etwa 1 bar in Kontakt. Der Partialdruck ist damit ebenfalls nahezu 1 bar, da der CO_2-Anteil y_{CO_2} an der Gasphase bei Beaufschlagung und Lagerung näherungsweise 1 beträgt.

---

[3] Strenggenommen müsste hier statt mit dem Partialdruck eigentlich mit der sogenannten Fugazität gerechnet werden. Dazu wird in die Gleichung noch der Fugazitätskoeffizient als weiterer Faktor eingefügt. Dieser beschreibt den Unterschied des Verhaltens des realen Gases vom Verhalten des idealen Gases. Gerade bei niedrigen Drücken, wie sie in unserem Beispiel vorliegen, ist die Annahme des Idealgasverhaltens aber eine sehr gute Näherung.

Nach dem Öffnen (oder im Glas) ist das Tonic Water in Kontakt mit der Luft. Diese hat ebenfalls einen Druck von etwa 1 bar. Jedoch ist die Konzentration von Kohlenstoffdioxid darin viel geringer. Sie beträgt aktuell nur etwas mehr als 0,04 %. Meteorologisch gesehen ist das ein katastrophal hoher Wert. Der Wert klingt erstmal sehr niedrig und wird von Leuten, die den menschengemachten Klimawandel infrage stellen wollen, gerne als Argument angeführt, dass das mit dem Treibhauseffekt ja gar nicht stimmen könne. Dabei sollte man aber nicht vergessen, dass die Atmosphäre sich ziemlich weit nach oben erstreckt. Die Kármán-Linie, die oft als Beginn des Weltraums angesehen wird, wird beispielsweise auf 100 Kilometer Höhe angesetzt. Über diese Höhe hinweg kommt eine Luftmasse von 10 t pro Quadratmeter zusammen. Darum herrscht an der Erdoberfläche schließlich auch ein Druck von etwa 1 bar (was dem Gewicht von 10 t pro Quadratmeter entspricht). Wenn die Luft nun zu 0,04 % aus Kohlenstoffdioxidmolekülen besteht und deren Masse etwa dem 1,5-fachen von Stickstoff- und Sauerstoffmolekülen entspricht, dann ergibt sich – in Gewichtsanteilen gesprochen – ein Anteil von 0,06 %. 0,06 % von 10 t sind immer noch 6 kg. Das bedeutet, dass senkrecht nach oben abgestrahltes Licht pro Quadratmeter durch 6 kg Kohlenstoffdioxid muss. Unter flacheren Winkeln ist es entsprechend mehr. Angesichts dieser Menge an Kohlenstoffdioxid pro Quadratmeter Erdoberfläche, erscheint die Konzentration gar nicht mehr so winzig. Derartige Feinheiten interessieren Klimawandelleugner allerdings in der Regel nicht und sie freuen sich einfach darüber, dass so ein geringer CO_2-Anteil doch niemals so eine große Wirkung haben könne.

Was mit Blick auf den Treibhauseffekt der Erdatmosphäre ein deutlich zu hoher Wert sein mag, das ist mit Blick auf das Lösen des Gases ein sehr niedriger Wert. 0,04 % entsprechen einem CO_2-Anteil von $y_{CO_2} = 0{,}0004$. Bei einem Atmosphärendruck von 1 bar liegt der Partialdruck damit bei nur $p_{CO_2} = 0{,}0004$ bar.

Da – vereinfacht gesagt – in der Flasche vor dem Öffnen eine Gasphase mit einem Partialdruck von $p_{CO_2} \approx 1$ bar besteht, ist im Tonic Water so viel Kohlensäure/Kohlenstoffdioxid gelöst wie es diesem Partialdruck entspricht. Nach dem Öffnen und Einschenken ins Glas, befindet sich das Tonic Water in Kontakt mit der Luft. Darin hat der Partialdruck jedoch nur noch den gerade erwähnten Wert von 0,0004 bar. Das frisch eingeschenkte Tonic Water hat aber noch so viel Kohlensäure, wie es einem Partialdruck von 1 bar entspricht. Das ist deutlich mehr als die Löslichkeit bei nur 0,0004 bar eigentlich erlauben würde. Darum fängt es an zu blubbern. Dabei verlässt Kohlenstoffdioxid die Flüssigphase und bildet kleine Gasbläschen. Das geht so lange, bis die Kohlensäurekonzentration auf

2.3 Wie kommt die Kohlensäure ins Tonic Water?

einen Wert gesunken ist, der mit einem Partialdruck von 0,0004 bar korrespondiert (was dann wirklich nur noch sehr wenig ist). Darum fängt das Tonic Water nach dem Öffnen an zu blubbern und verliert dabei seine Kohlensäure.

> **Exkurs: Gaslöslichkeit und Temperatur**
> *Nun würde kaum jemand auf die Idee kommen seinen Gin Tonic warm zu trinken. Trotzdem ist ein kurzer Blick auf den Einfluss der Temperatur auf die Gaslöslichkeit thermodynamisch interessant. Grundsätzlich gilt, dass die Löslichkeit von Gasen mit steigender Temperatur sinkt (genau anders als bei der Löslichkeit von Feststoffen in Flüssigkeiten). Das heißt, dass ein warmes Tonic Water weniger Kohlensäure aufnehmen könnte als ein kaltes. Ein warmer Gin Tonic würde dementsprechend seine Kohlensäure (nicht nur wegen der bei hohen Temperaturen schnelleren Kinetik) schneller verlieren. Das gilt nicht nur für Kohlenstoffdioxid, sondern auch für andere Gase. Werden Gewässer im Sommer zu warm, dann kann das aus verschiedenen Gründen zu einer Abnahme des Sauerstoffgehalts führen. Ein wesentlicher Faktor in diesem Zusammenhang ist einfach die abnehmende Löslichkeit von Sauerstoff.*
>
> *Diese Abnahme der Löslichkeit mit steigender Temperatur gilt allerdings nicht unbegrenzt. Ab einer gewissen Temperatur kommt sie zum Erliegen und dreht sich schließlich sogar um. Bei etwa 60 °C findet sich ein Minimum der Löslichkeit von Sauerstoff in den meisten Flüssigkeiten. Deutlich darüber steigt die Löslichkeit langsam wieder an. Die Fische bekämen wieder mehr Sauerstoff, würden gleichzeitig aber gegart werden. Bei Wasserstoff und Helium liegt das Löslichkeitsminimum in Wasser sogar bei Temperaturen weit unter 0 °C. Daher lässt sich bei diesen beiden Gasen in der Praxis eigentlich immer eine Zunahme der Löslichkeit beobachten, wenn die Temperatur steigt. Wie sieht es nun bei Kohlenstoffdioxid aus? Ließe sich ein besonders kohlensäurehaltiger Gin Tonic mixen, wenn er sehr heiß serviert würde?*
>
> *Die Antwort darauf ist ein klares Nein. Zum einen liegt das Löslichkeitsminimum von Kohlenstoffdioxid bei so hohen Temperaturen, dass das Wasser – selbst unter höherem Druck – völlig verdampfen würde. Zum anderen ist der Anstieg der Gaslöslichkeit bei hohen Temperaturen nur sehr schwach verglichen mit ihrem starken Abfall bei niedrigen Temperaturen. Ein kalter Gin Tonic kann also ganz klar die meiste Kohlensäure aufnehmen.*

Die Thermodynamik der Eiswürfel 3

Ein guter Gin Tonic will natürlich kalt getrunken werden. Da selbst ein frisch aus dem Kühlschrank geholtes Tonic Water sich während des Trinkens im Glas erwärmt, werden sehr oft Eiswürfel hinzugegeben. Für deren genaue Ausgestaltung gibt es eine Reihe an Varianten. Besonders empfehlenswert sind jedoch Würfel aus Edelstahl, in denen Wasser gekapselt ist.

Doch warum sollten edelstahlgekapselte Eiswürfel verwendet werden? Zunächst einmal die offensichtliche Antwort: Der Drink soll schließlich nicht verwässern. Beim Schmelzen normaler Eiswürfel wird das Getränk verdünnt, worunter die Intensität des Geschmacks leidet. Um das zu verstehen braucht es keine Thermodynamik. Gleiches gilt für die Frage, warum die Kapsel aus Stahl sein muss. Ganz einfach: Eiswürfel in Kunststoffkapseln gibt es auch und sie sind sogar billiger. Aber das sieht nun mal nicht wirklich stilvoll im Glas aus.

Spannender wird es mit Blick auf die „Eiswürfel" aus Speckstein, die insbesondere beim Trinken von Whiskey oft Verwendung finden. Die sind ebenfalls etwas billiger und machen eigentlich genauso viel her wie die gleichgroßen Stahlkapseln. Thermodynamisch gesehen besteht hier allerdings ein riesiger Unterschied, der den Speckstein gegenüber der Stahlkapsel nicht besonders gut abschneiden lässt. Der Grund dafür ist, dass der Begriff „Eiswürfel" beim Speckstein in Anführungszeichen steht. Es liegt nämlich kein Eis vor und genau da liegt das Problem – sogar gleich auf doppelte Weise. Was ist da los?

Gehen wir die Vorgänge bei beiden Varianten einmal systematisch durch. In beiden Fällen wird der „Eiswürfel" ins Gefrierfach gelegt und dort auf etwa -18 °C abgekühlt. Im einen Fall liegt also festes Wasser (auch bekannt als „Eis") im Inneren von Stahlkapseln bei -18 °C vor. Im anderen Fall liegt ein fester Speckstein bei -18 °C vor. Schließlich werden die „Eiswürfel" aus dem Gefrierfach entnommen und in das Getränk gegeben. Da das Getränk eine höhere Temperatur hat als die „Eiswürfel", nehmen diese Wärme aus dem Getränk auf (und kompensieren damit im Wesentlichen die Wärmeaufnahme des Getränks aus der noch wärmeren Umgebung). Die Wärmezufuhr vom Getränk an die „Eiswürfel" führt dazu, dass deren Temperatur steigt. Zwischen aufgenommener Wärmemenge Q und Änderung der Temperatur ΔT besteht ein einfacher Zusammenhang. Die Proportionalitätskonstanten dazu sind die spezifische Wärmekapazität bei konstantem Druck c_p und die Masse m des Würfels:

$$Q = c_p \cdot m \cdot \Delta T$$

Die „Eiswürfel" können umso mehr Wärme aufnehmen, je größer ihre spezifische Wärmekapazität und ihre Masse sind. Gerade der letztere Teil sollte offensichtlich sein. Doppelt so viele Eiswürfel können natürlich auch doppelt so viel Wärme aufnehmen. Da die Dichte von Speckstein mehr als zweieinhalbmal so hoch ist wie die von Wasser, haben Specksteinwürfel eine erheblich höhere Masse als das Wasser in den gleichgroßen Stahlkapseln. Die Masse spricht also erstmal für den Speckstein.

Mit Blick auf die Wärmekapazität schneidet das Wasser nun etwas günstiger ab. Speckstein hat eine spezifische Wärmekapazität von ca. 0,98 J g^{-1} K^{-1} (Joule pro Gramm und Kelvin; wir ignorieren der Einfachheit halber einmal, dass die Wärmekapazität von der Temperatur abhängt). Gefrorenes Wasser hat eine spezifische Wärmekapazität von etwa 2,1 J g^{-1} K^{-1}. Unter dem Strich reicht die höhere spezifische Wärmekapazität des Eises in der Stahlkapsel damit nicht aus, die höhere Masse gleich großer Specksteine zu kompensieren. Die Specksteine können damit also mehr Wärme aufnehmen. Zumindest zunächst! Bald passiert nämlich noch etwas Anderes. Jedoch nur in einem der beiden Fälle.

Erreicht die Temperatur des „Eiswürfels" einen Wert von 0 °C passiert im Fall des Specksteins nichts Besonderes. Der würde erst bei einer Temperatur sehr weit über 1000 °C auch nur anfangen darüber nachzudenken zu schmelzen. Gefrorenes Wasser hingegen tut genau das. Ein solcher Phasenwechsel ist indes immer mit einer erheblichen Änderung der Enthalpie verbunden. Die Enthalpie von flüssigem Wasser ist höher als die von festem Wasser. Vereinfacht gesagt hat die Flüssigkeit einen höheren Energieinhalt als die mit ihr im Phasengleichgewicht stehende feste Phase. Genau das passier im Inneren der Stahlkapseln. Wenn das Eis beginnt zu schmelzen, entsteht eine Flüssigphase, die solange mit der verbliebenen Festphase im Gleichgewicht steht, bis diese vollständig geschmolzen ist. Aus praktischer Sicht bedeutet das Gleichgewicht erstmal nur, dass beide Phasen die gleiche Temperatur haben. Das ist genau die Schmelztemperatur; im Fall von Wasser 0°C.

Damit das flüssige Wasser einen höheren Energieinhalt erreichen kann als das feste Eis, aus dem es entstanden ist, muss die Energie dafür irgendwo herkommen. Die Quelle für diese Energie ist konkret das Getränk. Da Wärme immer von hoher zu niedriger Temperatur fließt, gibt das Getränk Energie in Form von Wärme an das schmelzende Eis ab. Dadurch wird das Getränk selbst wiederum abgekühlt. Die Wärmemenge, die zum Schmelzen benötigt wird, wird als Schmelzenthalpie bezeichnet. Im Fall von Wasser beträgt sie etwa 334 J g^{-1}. Zum Vergleich: In Form der Temperaturerhöhung (auch „sensible Wärme" genannt) von -18 auf 0°C hat das Eis pro Gramm etwa 37 Joule an Wärme aufgenommen. Beim Schmelzen („latente Wärme") nimmt es nun nochmal etwa das Neunfache an Wärme auf. Der Speckstein mag es auf eine größere Masse bringen. Die enorme Wärmeaufnahme beim Schmelzvorgang des Eises vermag das indes nicht annähernd zu kompensieren. Unter Berücksichtigung der Dichte lässt sich konstatieren, dass der gekapselte Eiswürfel bis zum Erreichen der Raumtemperatur etwa die vierfache Wärmemenge aufgenommen hat wie der Speckstein (Abb. 3.1). Allein deshalb schon ist der gekapselte Eiswürfel zum Kühlhalten dem Specksteinwürfel haushoch überlegen.

Mit Blick auf das langfristige Kühlhalten des Gin Tonics haben Eiswürfel noch einen weiteren Vorteil gegenüber Specksteinen: Die konstante Temperatur. Fast 80 % der Wärmeaufnahme der Eiswürfel geschieht durch den Schmelzvorgang. Das bedeutet, dass der Großteil der Wärme bei der Schmelztemperatur aufgenommen wird. Während das Eis schmilzt, ändert sich seine Temperatur infolge der Wärmeaufnahme nicht. Werden die, aus dem Gefrierfach kommenden, Eiswürfel in das Glas gegeben, steigt ihre Temperatur zunächst stark an. Dieser Anstieg stoppt jedoch bei der – zum Gin Tonic temperieren immer noch ausreichend niedrigen – Temperatur von 0°C. Es wird sehr viel Wärme aufgenommen bis alles geschmolzen ist. Dann steigt die Temperatur wieder schnell an. Zu diesem Zeitpunkt ist das Glas in der Regel jedoch ohnehin schon ausgetrunken.

Im Fall der Specksteine kommt es dagegen zu keinem Stoppen des Temperaturanstiegs bis die Temperatur des umgebenden Raums erreicht ist. Hier liegt der Schmelzpunkt mehr als tausend Grad Celsius zu hoch für ein Schmelzen des Steins. Dementsprechend erreicht der Specksteinwürfel schnell eine Temperatur von 10 oder 15°C. Damit ist seine Temperatur zwar immer noch niedriger als die Umgebungstemperatur. Zum Halten einer idealen Trinktemperatur reicht das indes nicht mehr. Der richtige Eiswürfel hält dagegen eine konstante, niedrige Temperatur für lange Zeit.

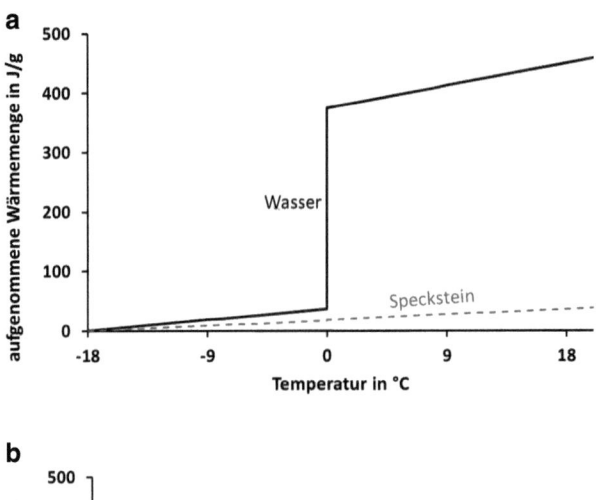
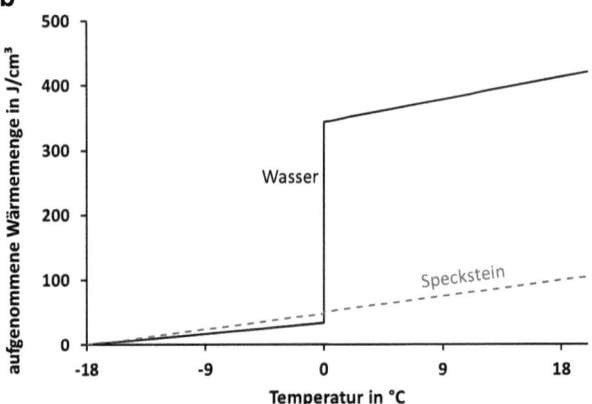

Abb. 3.1 Aufgenommene Wärmemenge beim Erwärmen von gefrorenem Wasser (durchgezogene Linie) und Speckstein (gestrichelte Linie) von -18 °C auf + 20 °C pro Masse (**a**) und pro Volumen (**b**). Wegen der geringeren spezifischen Wärmekapazität steigt die Linie des Specksteins im ersten Diagramm langsamer an als die des Wassers; wegen der höheren Dichte hat der Speckstein aber mehr Masse und damit letztlich mehr Wärmekapazität pro Volumen. Das kompensiert trotzdem nicht annähernd den Effekt der Schmelzenthalpie beim Wasser

Infolge dieser konstanten, niedrigen Temperatur der Eiswürfel kann sich für einige Zeit ein einigermaßen stationärer Zustand einstellen. Aus der Umgebung strömt Wärme in den Gin Tonic. Dieser gibt wiederum Wärme an die Stahlkapseln ab, in denen das Eis schmilzt. Sowohl die Temperatur der Umgebung als auch die der Eiswürfelstahlkapseln bleiben konstant. Damit kann sich eine konstante Temperatur des Getränks so einstellen, dass die jeweilige Temperaturdifferenz zur Umgebung beziehungsweise den Kapseln mehr oder minder zum gleichen Wärmestrom führt. Damit ist die Netto-Wärmeaufnahme des Gin Tonics nahezu null und seine Temperatur bleibt konstant. Die Temperatur der Specksteine dagegen steigt im Laufe der Zeit an. Damit verringert sich die Temperaturdifferenz zum Getränk und damit die Wärmeaufnahme durch die Steine. Ein konstanter Ausgleich der Wärmeaufnahme aus der Umgebung ist so nicht möglich. Darum können nur „Eiswürfel" mit Phasenwechsel (hier: das Schmelzen im Inneren der Stahlkapseln) eine einigermaßen konstante Trinktemperatur gewährleisten.

Epilog: Thermodynamik der Kulinarik

Die Thermodynamik kann nicht nur viele Fragen im Zusammenhang mit Gin Tonic beantworten. Auch darüber hinaus lassen sich viele Phänomene der Kulinarik nur mit ihrer Hilfe verstehen. Als einfaches Beispiel sei hier nur einmal das Milchig-werden von Ouzo bei der Zugabe von Wasser erwähnt. Der „Ouzo-Effekt" ist bekannt. Der Anisschnaps ist eine klare Flüssigkeit. Wird zu dieser klaren Flüssigkeit eine weitere klare Flüssigkeit, namentlich Wasser, zugegeben, so wird die Mischung trüb. Die Ursache dafür ist der sogenannte Louche-Effekt.

Anders als oft angenommen, ist die Ursache keine chemische Reaktion. Was man beobachtet ist vielmehr eine Entmischung. Ouzo enthält nennenswerte Mengen an Anisöl, welches wiederum Anethol enthält. Anethol ist sehr schlecht in Wasser löslich; es löst sich aber recht gut in Alkohol. Da Ouzo einen hohen Alkoholgehalt hat, ist er in der Lage recht viel Anethol zu lösen. Wird nun Wasser hinzugegeben, so wird der Alkohol verdünnt. Der Wassergehalt der Mischung steigt und in genau diesem Wasser ist Anethol schlecht löslich. Irgendwann ist die Löslichkeit so niedrig, dass das Anethol nicht mehr gelöst bleibt. Es bildet sich eine zweite Flüssigphase. Hätte das zweiphasige System sehr viel Zeit, so würde sich die Anethol-reiche organische Phase als Ölfilm abscheiden. Den Effekt, dass eine Ölphase oben schwimmt und eine wässrige Phase unten, kennen die meisten (man denke nur an ein Salatdressing). Die organische Phase bildet sich jedoch über das gesamte Schnapsglas verteilt in Form vieler kleiner Tröpfchen. So etwas wird Emulsion genannt. Da die Agglomeration der Tröpfchen zu einem Ölfilm viel Zeit braucht, bleibt der Zustand, in dem viele Anetholtröpfchen in der Wasser-Alkohol-Phase verteilt sind, eine ganze Weile stabil. Und genau diese Tröpfchen machen den verdünnten Ouzo trüb. Da Anethol deutlich andere optische Eigenschaften (z. B. einen anderen Brechungsindex) hat als

Wasser, streut sich Licht an den Tröpfchen. Das Licht kann also nicht mehr ungehindert durchtreten, wie es in einer klaren, einphasigen Flüssigkeit der Fall ist. Das erklärt das milchige Erscheinungsbild des verdünnten Ouzos. Genau wie Milch besteht er aus Tröpfchen einer organischen Substanz, die in Wasser schweben. Deren Zahl ist etwas kleiner als in Milch, weswegen die Trübung auch nicht so stark ist. Der Effekt ist aber der Gleiche.

Wird zu viel Wasser zugegeben, dann wird die Mischung wieder klar. Das liegt nicht daran, dass das Anethol es sich anders überlegt und jetzt doch eine gute Löslichkeit in Wasser hätte. Bei fortschreitender Wasserzugabe sinkt allerdings die Gesamtkonzentration des Anethols. Seine Löslichkeit in Wasser mag niedrig sein. Geringe Konzentrationen können sich aber lösen. Wird genügend Wasser zugegeben, dann sinkt die Anetholkonzentration unter die Obergrenze für ihre Löslichkeit in Wasser. Dann kann sich wieder alles in einer einphasigen, klaren Flüssigkeit lösen.

Der Effekt des milchigen Ouzos lässt sich übrigens nicht nur durch Wasserzugabe, sondern auch durch Abkühlung erreichen. Wie so vieles in der Thermodynamik ist die Löslichkeit von Anethol in Wasser-Alkohol-Mischungen temperaturabhängig. Je niedriger die Temperatur, desto weniger löst sich. Sinkt die Temperatur zu stark, so kann es passieren, dass die Löslichkeitsgrenze unter die vorhandene Konzentration an Anisöl sinkt. Dadurch kommt es ebenfalls zur Bildung kleiner Öltröpfchen, die den kalten Ouzo milchig-trüb erscheinen lassen.

Es ließe sich hier noch eine lange Liste mit thermodynamischen Effekten in der Kulinarik aufmachen und erörtern – nicht nur aus dem Bereich der Getränke. So erklärt zum Beispiel die Temperaturabhängigkeit des Dampfdrucks, warum ein Schnellkochtopf mit druckfestem Deckel die Speisen bei höheren Temperaturen und damit schneller gart als es im offenen Topf der Fall ist (oder andersherum: warum es im Hochgebirge länger dauert, ein Ei hartzukochen, als am Meer.).

Die Thermodynamik erklärt uns außerdem, weswegen es nicht nur schlechtes Benehmen ist über einen Löffel mit heißer Suppe zu pusten, sondern auch kaum zur Abkühlung beiträgt. Grundsätzlich pusten wir die heiße Luft über der Suppe damit weg (und unsere Bazillen dem Gegenüber ins Gesicht), wodurch der Wärmeübergang an die Luft verbessert wird. Der Effekt der zusätzlichen Abkühlung ist also schon da. Er ist indes aber relativ klein. Ohne zu pusten wäre die Temperatur der Suppe auf dem Löffel nach der gleichen Wartezeit auch nicht viel niedriger, als wenn man pustet.

Letztlich sind es auch eine ganze Reihe von thermodynamischen Effekten, die erklären, warum ein Kuchen beim Backen aufgeht, wenn dem Teig Backpulver beigemischt wurde. Zunächst erklärt das thermodynamische Gleichgewicht der

4 Epilog: Thermodynamik der Kulinarik

Reaktion, warum die Zersetzung des Backpulvers mit Freisetzung von Kohlenstoffdioxid im feuchten Teig bei den Bedingungen im Ofen erfolgt und vorher im Päckchen noch nicht. Darüber hinaus erklärt die Thermodynamik, warum das freiwerdende Kohlenstoffdioxid ein so großes Volumen einnimmt, dass es den Kuchen aufbläht und dadurch schön locker macht.

Nicht vergessen sollte man die Haltbarmachung durch Salz (Pökeln) oder Zucker (Marmelade, Honig). Auch hier erklärt letztlich wieder ein Phasengleichgewicht, warum in so präparierten Lebensmitteln Bakterien und Pilze, die zu einem Verderben führen würden, sterben oder sich zumindest deutlich schlechter vermehren können. Durch die hohe Salz- beziehungsweise Zuckerkonzentration ist die Wasserkonzentration im konservierten Lebensmittel sehr niedrig. Die Wasserkonzentration im Inneren der Mikroorganismen ist deutlich höher. Da Wasser durch die Zellmembran durchtreten kann und die Diffusion – wie wir gesehen haben – vereinfacht gesagt dem Konzentrationsgradienten folgt, verlieren die Bakterien permanent Wasser (der Effekt wird Osmose genannt). Sie trocknen also aus, was ihrem Überleben und erst recht ihrem Wachstum nicht gerade zuträglich ist, die Haltbarkeit des Lebensmittels aber enorm verbessert.

Die Thermodynamik erklärt unheimlich vieles. In der Cocktailbar, in der Küche, im Kraftwerk, in Wasserstoffspeichern, in der Biologie, beim Wetter, in der Geologie und an vielen anderen Stellen. Das alles zu erklären wäre allerdings die Aufgabe einer ganzen Buchreihe.[1]

---

[1] Siehe hierzu beispielsweise:

1) Karsten Müller, „Thermodynamik ohne Formeln", 2022, ISBN 9783662657805 oder
2) Karsten Müller, „Chemie und Science Fiction – Was wir von der Zukunft lernen können", 2022, ISBN 9783662643846

Was Sie aus diesem *Essential* mitnehmen können:

- Effektive Trennung von Mischungen funktioniert nur im Gegenstrom.
- Der zweite Hauptsatz der Thermodynamik sorgt dafür, dass Mischen von alleine funktioniert, auch wenn es von selbst nur sehr langsam gehen mag.
- Das Verhältnis von Oberfläche zu Volumen bestimmt vielfältige Prozesse in Technik und Alltag.
- Löslichkeiten der meisten Gase sinken mit steigender Temperatur, während sie bei den meisten Feststoffen steigen.
- Phasenwechsel können zur Konstanz von Temperaturen beitragen.

MIX
Papier aus verantwortungsvollen Quellen
Paper from responsible sources
FSC® C105338

If you have any concerns about our products,
you can contact us on
ProductSafety@springernature.com

In case Publisher is established outside the EU,
the EU authorized representative is:
**Springer Nature Customer Service Center GmbH
Europaplatz 3, 69115 Heidelberg, Germany**

Printed by Libri Plureos GmbH
in Hamburg, Germany